我們關心的食物正義，不只是在田間，

還包括生產食品的工廠、販賣食品的商店……

食物正義

FOOD JUSTICE

小農，菜市，餐廳與餐桌的未來樣貌

FOOD, HEALTH, AND THE ENVIRONMENT

ROBERT GOTTLIEB

ANUPAMA JOSHI

羅伯・高特里布 & 阿努帕瑪・喬旭——著

朱道凱、蘇采禾——譯

目次

Part II　食物正義行動與策略

前言

從糟糕的校園飲食現象說起

一群改變世界的紐奧良中小學生

卡崔娜颶風走了一年。大部分紐奧良市的學校不是全毀就是破損，一直到兩年後才重新開學。

隨著重建工程展開，孩子們的教育問題也引起討論。因為，早在颶風來襲前，這些學校早就老舊不堪了。紐奧良居民積極思考，如何化悲劇為轉機。眾多討論「該做什麼」的聲音中，明顯獨缺一個：來自學生的聲音。只是當時沒有人預料到，這個缺憾後來催生出一個充滿想像力的組織。

這個誕生於紐奧良的組織，是一群大約二十個人的中小學生，他們為自己取了一個名字叫「反思者」（Rethinkers）。他們想要弄清楚究竟紐奧良的學校出了什麼問題，並找出改進之道。這群學生最早是由珍．胡麗（Jane Wholey）組織起來的，胡麗當過記者、媒體顧問和社會運動者，擁有訓練年輕人透過記者會及其他媒體發聲的經驗。二〇〇六年夏天，反思者召開一場會議，討論他們能為自己的學校做什麼。

校園毀了，其實他們並不難過，因為對他們而言，學校「就那副德性」——教室裡沒教具、廁所不衛生、午餐沒味道。他們認為，應該喚醒外界正視他們所遭遇的更實際問題。胡麗回憶：「學生們越來越興奮，心態也改變了。『自己能夠做點什麼』的感覺，在他們身上發揮了激勵作用。那年夏天他們發現，原來可以有自己的聲音。」[1]

在胡麗引導下，這群學生決定在廢棄的雪伍德（Sherwood）森林小學，在破碎的窗子、垃圾和無處不在的黴菌中舉行記者會。他們的訴求很直接：在學校廁所加裝門，供應充裕的衛生紙和肥皂，給學生足夠的時間飯前洗手，更換飲水機——別再讓流出來的是渾濁的水。「為什麼我們不能擁有一個像樣點的學校？」學生問[2]。

請讓我們好好洗手、咀嚼與消化食物！

出乎意料的，這一群國小五年級到國中二年級的學生引起了主流媒體以及重建學區單位的注意。他們花了一個暑假的準備成果，以及第一場記者會的效果，令他們備受鼓舞。他們持續開會，討論學校有什麼問題，以及他們可以如何改變。他們決定，以後每年夏天都要舉行一次記者會，並希望校方針對他們的建議，承諾有所改變。

到了二〇〇八年夏天，反思者的訴求焦點轉移到學校裡的食物和用餐環境。對他們來說，問題再明顯不過：食物難吃透頂，用餐環境不忍卒睹。漫長的隊伍和短促的午餐時間，讓學生們幾乎不可能好好洗手、咀嚼和消化食物。問題越列越多，統統是校園飲食運作失靈的證據。

他們請來瓊安娜．吉利根（Johanna Gilligan）協助。吉利根來自紐奧良食物與農場網（New Orleans Food and Farm Network），這是一個推動在地另類食物（alternative food）政策的非營利組織。在瓊安娜的指導下，反思者開始學習各種替代方案，包括引進新鮮的在地食材到學校食堂，改變菜單提供健康和新鮮的食物，以及調整校園飲食環境等等。與此同時，他們發現，原來食物的選擇與環保議題有著密切關係——例如不採用本地農作物、大老遠從別處採購所衍生出來的環境問題。

那年暑假，反思者到格蘭島（Grand Isle）拜訪當地捕蝦人，聆聽他們的故事。儘管長期以來，蝦子一直是紐奧良食物與文化的特色，但反思者發現紐奧良捕蝦業者不僅是遭到卡崔娜重創，更值得關注的問題是整體養蝦業——吃化學物和抗生素長大的蝦子，被運到紐奧良及世界各地販賣。這些年來，養蝦業與食物供應鏈的全球化，侵蝕了在地食物文化並摧毀區域食物經濟。正如糧食優先（Food First）組織描述的：「半密集和密集養蝦場對環境的衝擊，和牛豬雞鴨的養殖一樣嚴重，都是廿一世紀食物必須轉型的一部分。」[3]

緊接著，反思者把重心完全放在食物議題上，不只為了改善他們的學校飲食，也因為他們可以參與某種更遠大的理想，幫助自己的社區。他們意識到，藉著改變進入學校的食物，他們也能為當地經濟——例如當地的捕蝦業——盡一己之力。

於是，反思者在當年度舉行的記者會上，就把焦點放在學校食物議題。那是迄今出席最踴躍的一場記者會，學區督導面對攝影機公開承諾，會努力將在地食物來源納入學校飲食計畫。另外，針對全部十五所興建中的新學校，政府也計畫在校園中規畫栽種作物的空間，以及將當地捕撈的蝦納入學校菜單[4]。同時，反思者還試圖將劣質餐具——例如廉價的塑膠叉匙——趕出校園，換上真正能用的餐具。

學校營養師都支持反思者提出的建議，但他們不確定孩子們真的愛吃健康的在地食物嗎？為了回答這個問題，反思者決定舉行一項盲測實驗，結果讓學校主管非常意外：孩子們的確能接受新鮮又健康的在地食物。

紐奧良這一波學校飲食改革，迅速傳遍了全美國，被視為另類飲食運動的重大勝利。外界也很快發現，這項創舉竟然是由中小學生所發動的。接下來，反思者受邀去各種活動演講，並參加在奧勒岡州波特蘭市舉行的「第四屆全國從農場到食堂研討會」（National Farm to Cafeteria Conference）。這個研討會於二〇〇二年首度召開，已成為美國各地推動學校飲食改善運動的主要集會。六百餘人聆聽反思者講述他們激勵人心的故事，震驚於這些孩子何其年輕，卻如此自信和感覺身負重任，所完成的改變又這般重要。演講完畢，全體起立鼓掌，向反思者的成就致敬。

對這群來自紐奧良的中小學生來說，這意味著他們的夢想獲得了肯定：他們有能力改變未來。儘管他們完成的改變不大，儘管仍有困難，他們已證明改變是可能的。

為什麼你需要一本談食物正義的書？

食物正義，是一個強有力的概念，可以和更多環保組織一起推動社區改變，也能夠「同時」為我們帶來一套更好的食物系統。近年來，已經有很多書籍、文章與紀錄片，對於現有的食物系統提出強烈批判，例如麥可・波倫（Michael Pollan）的暢銷書《雜食者的兩難》（*The Omnivore's Dilemma*）和《食物無罪》（*In Defense of Food*），以及《美味代價》（*Food Inc.*）和《玉米王》（*King Corn*）等紀錄片。但可惜的是，這些作品很少進一步探討食物正義。在這本書中，我們透過兩個方向來探討食物正義。首先，我們要探討的是如何確保食物的種植、生產、運輸、配銷、取得和食用的利益與風險，能獲得公平分攤。其次，我們希望透過講故事和分析，讓讀者理解什麼是食物「不」正義，以及可以如何改變它。

最早採用「正義」一詞的團體之一是紐約的「正義食物」（Just Food）組織，成立於一九九四年。二〇〇二年，社區糧食安全專案（筆者成立的組織，是都市與環境政策學會〔Urban & Environmental Policy Institute，簡稱 UEPI〕的計畫之一）改名為「食物與正義中心」（Center for Food & Justice，簡稱ＣＦＪ）。五年之後，我們開始蒐集資料，包括專案故事、食物如何取得等核心議題的新研究、重要政策提案，以及關於食物正義現象的其他表徵等等。這些故事和研究，都成了這本書的敘事基礎。

這本書，就像一部從種子到餐桌的食物系統紀錄片。全書分兩部分，第一部分探討目前「不正義的食物鏈」，提出現有食物系統從種子到餐桌的歷史背景和分析，以及對政治、經濟、文化和環境造成的衝擊。第二部分引介「食物正義行動與策略」，講述多個與食物相關的組織和政治行動的故事，這些行動企圖挑戰、重組和從根本上改革我們的食物系統。

在第一部分的不同篇章中，我們將帶領讀者逐一檢視當前食物系統普遍存在的不正義和問題。例如第一章「來，一起去農村走走！」，要帶領讀者去看看我們的食物種植和生產過程，以及其對勞動力、社區和環境的影響，尤其是不正義的種植和生產實務，如何改變食物本身的性質。第二章「給我們健康的食物通路」，要帶領讀者走一趟我們這個連鎖速食店密布的世界，看看當前食品零售業及餐飲業的生態。第三章「美食天堂，還是劣食地獄？」，探討我們怎麼吃、在哪裡吃和吃什麼，其中涵蓋了食物製備、產品種類、行銷以及與現代食品業經營方式相關的健康議題。第四章「食物政治學」，檢視伴隨美國農業法案及其他聯邦法規的政治辯論，以及學校飲食政策和飢餓政治。第五章「中國的蒜頭，美國的洋芋片」，詳述食物系統日漸全球化的本質與含意。

接下來的第二部分，我們將走進各種改造構想、創新計畫和政策提案的世界。第六章「讓有正義感的農民活下去」，介紹新類型農耕計畫和經營方式、組織工會的努力、移民食物和耕作計畫等面向。第七章「為農場與餐桌之間，蓋一條新路」，探討超市的發展、農場與學校的合作計畫，以及如何確保艱困社區可以取得健康食物。第八章「一位慢食者的頓悟」，探索開發新食物路徑的策略，並回顧各團體沿著這些路線如何影響我們怎麼吃、吃什麼、在哪裡吃。第九章「每一個城市，都有新鮮好食物」，檢視在社區和學校的新政治聯盟和政策提案。最後的結語「公平對待每個環節，我們才能獲得好食物」，描述落實食物正義的不同切入點。我們相信，隨著越來越多的年輕人主動參與，行動與語言也更富想像力，這股新興運動將越來越蓬勃。

這本書，是為廣大讀者而寫。我們希望透過這本書，讓更多人投入食物正義的討論與研究，並進一步起而行動。書中談及的團體和組織，只是這場新興運動的部分例子，事實上，世界各地已經有無數個團體投入這場運動了。我們希望，這本書除了為食物正義這場運動提供歷史背景和見解，也能成為大家參與和行動的指南。

書中彙整的研究和故事，要感謝我們在 UEPI 的幾位同仁。他們共同促成這本書的誕生，啟動食物正義各個團體之間的寶貴連繫，並貢獻幾章的部分內容。特別是，UEPI 政策部主任馬克・瓦連納多斯（Mark Vallianatos）幫忙完成其中幾章，尤其是跟食物政治學有關的部分。傳播部主任亞曼達・薛佛（Amanda Shaffer）為食物行銷提供了不少素材；她在食物取得及超市產業方面的開創性研究，對我們論述這些議題十分重要。全國從農場到學校網（National Farm to School Network）行銷與拓展部主任黛博拉・埃施梅爾（Debra Eschmeyer），是熱情的學校與食物正義捍衛者，也是另類食物部落客中的重要人物。她讀了本書原稿並提供重要意見，她的淵博知識和廣大人脈對這本書的發展也極重要。UEPI 專案經理凡妮莎・扎杰馮（Vanessa Zajfen）設計與食物正義相關的新運銷模式，連結了本地農場主、學校和醫院等主要機構，她寶貴的工作經驗幫助我們理解及書寫。莫伊拉・畢利（Moira

Beery）和安卓亞．米薩庫．阿祖瑪（Andrea Misako Azuma）的貢獻也讓我們受惠良多，這兩位前 UEPI 員工目前分別在南非和凱薩醫院（Kaiser Permanente）從事重要的食物正義工作，兩人從一開始就參與本書的寫作討論。至於我們這兩個動筆的人以及 UEPI 的所有同仁，只是成千上萬個推動社會正義運動的一分子。食物，是這個運動的入口，循此途徑去探討、研究，然後把改革的理想化為行動。

希望藉由這本書，讓廣大讀者更了解如何改善我們吃什麼、在哪裡吃和怎麼吃的知識，並跟我們一起推動一個更公平、更健康、更民主的社區型食物系統，讓所做的種種努力都有開花結果的機會。

現在，該是到了讓機會實現的時候了。

Part I　不正義的食物鏈

第 1 章

來，一起去農村走走！

別美化了農業，看看這些齷齪的真相吧

我們認為
應逆轉小農消失的趨勢，改善被剝削農工的處境。
但我們關心的食物正義，不只是在田間，
還包括生產食品的工廠、販賣食品的商店。
因為我們所面對的威脅再明顯不過：
跨國食品集團的強勢，殘害了我們種植和生產的方式。
我們要求賦予每一位食物生產者基本尊嚴和人權。
我們要求尊重土地和環境，尤其在那些被大財團濫用土地、水和空氣的地方。
我們需要的，是重新設計一種關懷土地和種植食物的方法。

一九六〇年感恩節，愛德華・默羅（Edward R. Murrow）以這段著名的開場白介紹他的《CBS報導》（*CBS Reports*）節目：

> 這不是發生在剛果，也和約翰尼斯堡或開普敦無關。
> 這裡不是尼亞薩蘭或奈及利亞*，這裡是佛羅里達。
> 這些人是美國公民，時間是一九六〇年。
>
> 這裡是臨時農工招募市場，
> 人力販子吆喝著各家農場開出的工資。
> 這個全世界吃得最好的國家，
> 人民就是用這種方式來採收食物。
> 一位農場主人看著這個場景說：
> 「以前，我們擁有奴隸；現在，我們租用奴隸。」

---

*尼亞薩蘭（Nyasaland），即今天東非的馬拉威。

默羅的紀錄片《可恥的收成》（*Harvest of Shame*），談的是隨季節遷移的農工（migrant farmworkers），主要是非裔美國人，他們在佛羅里達州農田工作，通常會沿著糧食生產帶，在美國南方各州南北移動。紀錄片播出時，正值廣大民眾開始重視美國食物如何種植與生產之際，被污染的蔓越莓、因人類過度噴灑農藥而大量死亡的魚和鳥、食物中的化學添加劑都被發現可能致癌等事件，引起人們的憂慮。

這部紀錄片播出之後，農工們所處的惡劣環境再度掀起討論。這些農工是窮人中的窮人，遭到老闆虐待、剝削、歧視，但因為處於法律的三不管地帶，無法享有基本人權。我們食物生態中的醜陋，被豐沛的食物掩蓋了。這些農工，正是醜陋的一部分，是可恥收成的核心問題[1]。

你口中甜美的進口柑橘，背後藏著一個悲慘世界

農工問題曾於一九六〇年代中後期受到重視，在農工運動領袖凱薩・查維斯（Cesar Chavez）及農工聯合會（United Farm Workers，簡稱ＵＦＷ）的奔走下，農工成了對抗惡劣工作環境的「食物正義」先鋒。ＵＦＷ的口號Sí, se puede（意思是：對，我們可以！）喚起

了拉美族裔認同，在地居民也紛紛響應。一九六八年，查維斯為了引起人們重視農工反抗葡萄園主的慘烈鬥爭，禁食了二十五天，隨後羅伯・甘迺迪（Robert Kennedy）在宣布競選總統之前，前來聲援查維斯，農工權利運動也在美國邁入新階段。查維斯傳記的作者藍迪・蕭（Randy Shaw）說，查維斯結束禁食那一天，與甘迺迪並肩坐在一起的照片，成為「一九六〇年代留給世人的永恆印象」[2]。

一九七〇年，就在甘迺迪與查維斯會面的兩年後，也是《可恥的收成》節目播出十年之後，美國國家廣播公司（NBC）播出另一部叫做《移工》（*Migrant*）的紀錄片，報導在佛羅里達州「美粒果」（Minute Maid）公司柑橘園農場工作的工人遭受虐待一事。美粒果自一九六〇年起併入可口可樂旗下，可口可樂公司一度想阻止NBC播出這部紀錄片，但沒能成功。於是只好改變策略，試圖淡化美粒果與可口可樂之間的關係，轉移對該公司的負面報導。在參議院舉行的聽證會上，可口可樂董事長保羅・奧斯汀（Paul Austin）宣稱，該公司也認為農工們狀況「悲慘」，因此他打算將這些農工從「臨時工」改成「全職」，除了加薪和給予適當健保外，還提供更衛生的宿舍。奧斯汀也聲稱，該公司將成立全國性組織，共謀改善移工處境的新辦法。

這一招果然奏效，媒體改口稱讚可口可樂董事長，《時代》（*Time*）雜誌給奧斯汀的演說下了這樣的標題「令人耳目一新的坦率」，《商業週刊》（*Business Week*）還頒發企業公民獎給可口可樂——儘管奧斯汀承諾的組織始終沒有兌現。重視形象的可口可樂公司，後來也真的與UFW簽下工會合約[3]。

儘管UFW在一九七〇年代獲得一連串勝利，農工加入工會的比例仍然不高。部分原因是，農工的困境與食物種植和生產的結構有關，包括大規模的農場經營方式、低於基本工資的待遇、一天工作十到十二小時且沒有加班費、暴虐的包工頭（labor contractors）等等。這些工業化的大型農場，加上超大型集團——例如速食業的麥當勞、漢堡王和塔可鐘（Taco Bell），零售業的沃爾瑪（Wal-Mart），以及可口可樂、百事公司與它們的子公司（例如美粒果及純品康納）——構成了主宰整個食物鏈的強勢業者（dominant players）。這些企業從惡劣的農地工作條件中獲利，卻被允許不必對農工們負任何責任。

啊，漢堡店、炸雞店、Pizza店裡的番茄……

奴隸般的工作條件，在今天似乎無法想像，但實際上各種虐待工人的事件卻不斷上演。食物研究者艾瑞克・霍吉曼（Eric Holt-Giménez）敘述包工頭毆打、奴役十二名工人，並竊取他們工資的案子。這些包工頭最後被判刑，但霍吉曼認為，其實他們「只不過是為有錢的佛羅里達番茄農場主人提供廉價日薪工人的幾十個包工頭之一……這些番茄農場供應九成以上的全美冬季番茄，是麥當勞、潛艇堡、塔可鐘、溫蒂漢堡、漢堡王、肯德基、必勝客及其他零售商和連鎖餐廳的主要供應商」。霍吉曼也指出，該州番茄收成的三大買家，是嘉吉（Cargill）、純品康納，以及……美粒果[4]。

霍吉曼描述的情況，也發生在另一個佛州農業重鎮伊莫卡利（Immokalee）。一九九三年初，一群自稱伊莫卡利工人聯盟（Coalition of Immokalee Workers，簡稱CIW）的拉丁美洲、馬雅印第安和海地工人，先後站出來揭發駭人聽聞的農工虐待事件，挑戰當代食物鏈中最大咖的業者。

根據CIW的調查，三位分別叫「阿丹．歐帝茲」、「羅斐爾．索利斯．赫南戴茲」和「馬立歐．桑切茲」（皆非本名）的移民農工，被一名叫艾爾．戴布羅（El Diablo）的包工頭雇來當採橘工人。據《德州觀察報》（*Texas Observer*）報導，這位艾爾．戴布羅曾「因非法雇用來自墨西哥的移工，並用操縱、金錢脅迫、驅逐出境種種威脅，甚至暴力手段（包括謀殺）來維持勞動力而惡名昭彰」[5]。二○○三年，《紐約客》（*New Yorker*）特約作家約翰．鮑伊（John Bowe）在該雜誌發表的一篇文章描述：「這些工人住在骯髒擁擠的宿舍，不斷受到包工頭的虐待、威脅和監視。」[6]

這三位移工後來認識了十九歲的瓜地馬拉人羅密歐・拉米瑞茲（Romeo Ramirez），拉米瑞茲自告奮勇擔任ＣＩＷ的臥底，並揭發了三位移工被虐待的真相。幾位包工頭全被聯邦調查局幹員約談和逮捕，並以陰謀、勒索和私藏武器罪名起訴，最後判刑定罪。

艾爾・戴布羅案只是ＣＩＷ紀錄的數個案例之一，類似的案件層出不窮：

・一九九七年，兩名農場老闆被美國司法部以「奴役、勒索和私藏武器」等罪名起訴，被判刑十五年。這兩人在佛羅里達州和南卡羅來納州，總共囚禁了四百多名男女工人，大部分是墨西哥和瓜地馬拉原住民。他們被迫在武裝警衛監視下，一天工作十到十二個小時，一星期六天，賺取區區二十美元的週薪。企圖逃跑者會受到襲擊、用槍托毆打，甚至射殺。這個案子，經逃跑的工人和ＣＩＷ會員調查五年之後，才引起聯邦當局重視。

・二〇〇〇年，一名佛羅里達州南部農場老闆被司法部以「奴役」罪名起訴，並被判入聯邦監獄服刑三年。他在伊莫卡利西邊人跡罕至的沼澤地，用兩輛拖車屋囚禁三十多名採番茄工人。其中三名工人一度逃出，卻在幾星期後被追到，該老闆甚至開車撞倒其中一人，宣稱他「擁有」他們。工人向CIW和警方求救，CIW在後續調查中與司法部合作。

・二〇〇二年，三名佛羅里達州農場老闆被聯邦法院以「奴役、勒索和私藏武器」罪名判刑。三人總共雇用七百多名農工，威脅企圖離開的工人，並用槍托毆打和攻擊運載農工離開該區的小客車司機。經CIW兩年調查，案子才被來自司法部民權司的聯邦當局起訴。

自一九九七年以來，CIW已揭發至少七起佛羅里達州的農工奴役事件，救出一千多名工人[7]。CIW的行動雖然和一九六〇年代在迪蘭諾（Delano）葡萄園組工會的英勇活動有些相似*，但最大的差異，在於這次所面對的全是食品和速食業大財團。在《可恥的收成》播出五十年後，奴役工人現象依然盛行，實在令人震驚。

---

*一九六五年，加州菲律賓裔美國農場工人發起了一場罷工，要求葡萄園主按照聯邦政府規定的最低工資標準支付工人的勞動報酬。在要求被拒後，工人們開始罷工，任由葡萄在田裡腐爛。後來墨西哥裔的農工也加入罷工行列，最後兩股力量聯合組成了「農工聯合會」。

大老闆們的廉價勞工美夢，早在一九四二年就成真了！

長久以來，移民工人一直是當代農業經濟的一部分。這個現象可以追溯到十九世紀中葉和後期。加州食物種植者和生產者最初雇用中國工人，然後是日本人，接著是菲律賓人和墨西哥人，此外還有來自美國中西部和南部的國內移工。

自一九四〇年代起，南方各州的食品工業開始依賴一個複雜的組織化國際勞工供應系統，其中之一，是為了滿足二次大戰期間體力勞動需求而開辦的「短期合同工計畫」（Bracero），也稱為「墨西哥農工計畫」。這項計畫從一九四二年起到一九六四年正式停辦，總共讓近四五〇萬人次的外勞從墨西哥入境美國，一九五六年更創下單年度四十五萬人的高峰[8]。

「短期合同工計畫」之所以在歷史上極為重要，不僅是因為規模龐大，也因為它打造出一種融合了「合法、半合法和非法」的農工型態，讓大老闆們能壓低工資，破壞任何組織工會與罷工的機會。研究農工史的學者沃登．傅勒（Varden Fuller）指出，短期合同工計畫「實現了加州農場老闆的廉價勞工美夢，甚至比奴隸制還完美」，因為這群短期合同工只有在需要時才雇用，而且受聯邦當局管轄（但政府很少干預實際使用情形），工人從不敢抱怨，否則就會招惹被驅逐出境的麻煩[9]。

今天，雖然該計畫已經停辦多年，這種融合「合法、半合法和非法」的做法仍然大行其道。目前受雇於美國農業的三百萬名勞工中，近三分之一（約一百萬人）是沒有工作證的勞工，大部分來自墨西哥等中南美洲國家。國際遷移與發展網（International Network on Migration and Development）執行長魯爾・戴嘉多・魏斯（Raul Delgado Wise）稱此現象為「美國農業的墨西哥化」，這些移工大部分從事季節性工作，受雇於三個主要食品產業：農漁業、肉類和魚類加工業，以及餐飲服務。

另一個相關的現象，是未成年農工。一九九八年美國政府責任署調查發現，竟然有高達十五・五萬名十五至十七歲的青少年在農地工作，幾乎全來自西語裔或其他少數族裔家庭。農田工作辛苦，需要耗費大量體力，對兒童造成特別大的健康負擔，並可能形成慢性身體病痛。許多在田間工作的兒童並無額外的防護裝備，而他們比成年人更容易遭到噴灑農藥和化學品的傷害[10]。

此外，還有農工居住問題。根據加州農村法律援助會一位律師的記載，有些農場老闆提供的宿舍，條件差到令人髮指，除了外面圍著帶刺的鐵絲網，甚至還要工人自己挖洞，導致農工因環境衛生太差和長期接觸農藥而生病。加州農業工人健康調查（California Agricultural Workers Health Survey，簡稱 CAWHS）發現，加州農工宿舍有高達半數過度擁擠，有四分之一甚至「極度」擁擠。「許多宿舍是違章建築，不是蓋給人住的，其中六分之一（一七％）不是沒有廁所，就是沒有廚房，或兩者皆缺。」研究員唐．威樂李荷（Don Villarejo）和馬克．舒恩可（Marc Schenker）談 CAWHS 的調查結果。他們指出，「惡劣的居住環境與健康問題息息相關。」[11]

農藥廠裡的男人們，全都失去了生育能力……

長期以來，農工的卑微地位及他們遭受的危險和虐待，鮮少引起社會關注。消費者在餐廳點菜時，完全看不見這些問題。就算有人刻意尋找在地食品和有機食物，願意為食物正義支付更高的價錢，也無法確保食物鏈中的每一個環節，都願意重視食物正義。

回到一九七七年，有兩名年輕的電影工作者來到西方化學公司（Occidental Chemical）設在加州拉斯羅普市（Lathrop）的農藥製造廠。為了記錄工作場所的化學污染問題，他們走進工人的家，造訪工人在拉斯羅普常去的酒吧。一位工會代表談該廠製造的各種農藥，從「DDT」到更近期的殺蟲劑 DBCP（一九五五年起在美國生產、專門殺線蟲的土壤燻蒸劑），他一邊和兩位導演談話，一邊不停地擦拭自己的鼻血。接下來幾天，兩位導演突然發現工人們都有個共同點：沒再生過小孩。兩位導演於是與工會合作，讓工人（全部是男性）接受檢查。檢查結果出爐：幾乎所有工人都不育。

後來，他們挖到一份爆炸性資料：一份DBCP製造商贊助的研究，早在一九六一年就發表在一份名不見經傳的期刊上（公司知道，但工人不知道），指出暴露於DBCP會導致睪丸永久性傷害。後續研究還發現，高DBCP暴露量還會帶來更多的健康威脅，比如胃癌、女性生殖系統疾病等[12]。

這項檢查結果一公布，馬上掀起軒然大波。首先是當地電視台，接著全國電視網，然後各種媒體紛紛跟進報導。聽證會開了幾場，試圖揪出到底哪些人早就知道化學品對人體的危害。環保署隨即也在加州各地的地下水井發現DBCP微量元素，並確認DBCP不只會為工人帶來職業危險，也會危害水質，決定禁止使用DBCP。

這兩位導演的紀錄片《金絲雀之歌》（*Song of Canary*），詳述了整起事件。之所以取名為《金絲雀之歌》，是因為礦工們普遍相信，當他們帶進礦坑的金絲雀停止唱歌，就表示危險將至。《金絲雀之歌》是一道警報，而且一如導演所暗示的，西方化學公司農藥製造廠的工人就是金絲雀，他們的不育症，是有毒化學品存在於工作場所和田間的警報。

農藥有劇毒？沒關係，外銷給窮國吧！

遺憾的是，這道警報並未引起更多國家重視。DBCP 繼續生產，而且專供美國以外的地區使用。例如中美洲和非洲國家，化學品被噴灑在各種農作物上，包括香蕉。美國危險化學品的出口量仍然大得驚人，一九九五至九六年間（也就是西方化學廠工人受害近二十年後），仍有高達二千一百萬磅禁用農藥以平均每天十四噸的規模，從美國港口出發前往其他國家。這個出口量，相當於 DBCP 被環保署禁用前最高產量的三分之二。其他同樣含有劇毒卻未被禁用的農藥，同樣在一九九五至九六年間大量出口——超過四千八百萬磅，也就是二萬四千噸。如兩位科學家在《國際職業與環境健康期刊》（*International Journal of Occupational and Environmental Health*）所指出的，這些農藥大部分都運往開發中國家[13]。

至於美國本土，有毒化學品並沒有從此絕跡，而是繼續生產和使用，其中很多照樣用在食物上。例如 DBCP 替代品之一的二溴乙烷（EDB，一種土壤燻蒸劑），已確定會致癌和誘導有機體突變，一九八三年被環保署禁用。還有二氯丙烯（Telone，另一種燻蒸劑），同樣嚴重危害空氣品質。包括斯美地（Metam-sodium）在內的其他 DBCP 替代品，直到發生一起意外事故（一列運送化學品的火車出軌，導致一台裝滿斯美地的油罐車墜入沙加緬度河，農藥外溢殺死下游四十英里內所有的水中生物）後，才引起重視。此外，強效殺蟲除草的溴化甲烷（methyl bromide，一種消耗臭氧和促成全球暖化的物質），雖然在二〇〇五年已被環保署禁用，但環保署繼續准許它用於某些作物上，比如草莓[14]。

然而，談到農地的化學投入，DBCP之類的土壤燻蒸劑只是眾多危險物質和暴露途徑的其中一類而已。因噴灑、操作，甚至不慎攝入有毒化學品而造成的死亡或傷害，都是始終存在的風險。工作場所暴露和社區暴露是緊密相連的，工人們會穿著沾有農藥的衣服回家，居住的房子可能緊鄰農田，空氣中還有飄移的農藥；還有水和空氣的污染，這些都讓住宅和社區成了危險場所的延伸。

雖然我們已經有無數關於農工職災的研究，新型的健康影響仍三不五時被發現。例如，最新的研究發現，農藥暴露與神經退化有關，會導致帕金森氏症。二〇〇九年的研究證實了暴露在兩種農藥五百英尺之內達二十五年，罹患帕金森氏症的風險會增加七五%。研究員的報告也指出，這種暴露可能在發生多年後才會出現症狀並確診，因此在田間工作（或在母親子宮內）而暴露於農藥的孩童，長大後也更容易罹患帕金森氏症[15]。

農工職災今天已經是全球現象，例如菲律賓的卡莫坎（Kamukhaan）農村，香蕉園工人和當地居民就出現了各種症狀，包括皮膚病、虛弱、暈眩、嘔吐、咳嗽和呼吸困難，還有其他像氣喘、甲狀腺腫大和癌症等等嚴重疾病。二〇〇三年，針對該村一百七十個村民的臨床研究證實了村民的疑慮，但香蕉園拒付檢查及治療費，工人一天才賺一．一美元，根本負擔不起醫療費用，只能任由健康惡化下去[16]。

卡莫坎村及其他地方的農藥中毒事件，後來促成了一場國際性運動，呼籲禁止香蕉園用空灑方式使用農藥。這場運動涵蓋了十八個國家一百五十多個團體，各地的農民團體和反農藥運動者也舉行了一場人民車隊遊行——「公民爭取無毒土地和糧食大遊行！」——揭露農藥使用的風險，會衝擊到農民生命、食安問題及安全食物的生產。

在這些事件中，從拉斯羅普化學廠的工人、卡莫坎村的農民、伊莫卡利的農工，到加州中央谷地的草莓田工人，所有這些替我們種植和生產食物的人，不論是在美國或國外，都已成為新的食物正義哨兵，提醒我們注意當代食物鏈中在種植和生產食物過程所潛藏的危險[17]。

小農多了又怎樣，還不是被大財團吃得死死的

美國長期以來有一個傳統，就是支持小型家庭式農場，相信小農與土地有一種特殊關係。這個傳統可以追溯到傑佛遜民主派的「自耕農」（yeoman farmer）觀念。不過，家庭農

耕做為一種職業和生計，數百年來倒是一直承受著經營上的壓力——週期性經濟衰退，一再嚴重打擊小規模農業和農村經濟，導致破產和遷徙。

遷徙，造成奧克拉荷馬州和阿肯色州等地無數的農場被棄置，那些離開的人落拓地成了加州的移工，就如史坦貝克（John Steinbeck）小說《憤怒的葡萄》（*The Grapes of Wrath*）描述的場景，以及一九三〇年代女攝影家桃樂絲・蘭格（Dorothea Lange）捕捉到的沙塵暴農民畫面，都敘述著美國家庭式農場經濟的式微。近年來，儘管農業產量不斷增加，但小農場及中等規模、代代相傳的農莊數量卻持續減少。光是一九四〇和一九六〇年間，美國營運中的農場數目就減少了一半以上，從六百多萬降到三百萬。

一九八〇年代以後，跌勢趨穩，根據二〇〇七年農業普查的資料，農場數目小幅增加四%，特別是小規模的農場。二〇〇七年的資料也顯示，美國農場經營者逐漸多樣化，更多的女性、西語裔、亞裔農民及夏威夷原住民加入務農行列。美國近期的農業成長，有部分可歸因於二〇〇三到二〇〇七年之間加入務農的新手農民。這些新手經營的農場，通常規模較小（二〇〇英畝以下），年營業額也低得多（平均約七萬一千美元）[18]。很多小農，尤其是那些新手農民，也兼營農耕以外的職業，賺取非農場來源的收入。

相較於規模較小的新興農場得完全靠自己求生，很多大型農場卻往往能爭取到政府的大量補貼。我們稱這些大型農場為「農企業」（agribusiness），全美國的農場生產和運銷控制權，現在全掌握在少數幾家農企業手中。肯鐸・杜（Kendall M. Thu）和保羅・杜倫柏格（E. Paul Durrenberger）在他們的書中指出，農場控制權的大規模轉移，意味著「所有權與社區分離……在地的利益與成本——包括生活品質、環境以及互信、分享等人性價值——大部分都被擺一邊去了」[19]。

最能清楚說明食物種植與生產方式轉型的例子，是乳品、肉類和家禽部門。例如，十九世紀規模龐大的牧牛業，以及二十世紀初在一些地方興起的大型肉品加工業，比如芝加哥的屠宰場和肉品加工廠，預示著更近期的肉類生產重新配置。厄普頓・辛克萊（Upton Sinclair）的小說《魔鬼的叢林》（*The Jungle*）出版於一九〇六年，描述動物和工人在芝加哥屠宰場一起面對的野蠻、粗暴和危險的狀況，這是一個令人不寒而慄但大致精確的寫實故事。芝加哥的肉品包裝鎮（Packingtown）是一個環保重災區，對於許多在屠宰場工作的波蘭、立陶宛和斯拉夫移民工人（辛克萊小說中的焦點）來說，工作環境不但危險，甚至可以說恐怖。

其實在一九四〇年代和五〇年代，畜牧業（不論養的是豬、牛或雞）仍是各自經營且營運規模相對較小，允許牧農維持若干程度的獨立。直到發生於一九五〇、六〇年代並在一九八〇年代再度發生的劇烈產業變化——大規模工業化、從農場到市場到全球的垂直整合，加上高度集中的所有權及勞動力的巨大變化——改寫了小型牧農命運。

伴隨工業化而來的，是美國農業重心的移轉，從中西部的都會中心如芝加哥，轉移到東南部和大平原的鄉鎮，造成的結果是這些新重鎮全面出現環境危機，水道、土地和周遭環境全都受到破壞。這些新重鎮的業者，繼而召募非技術工人，支付的薪資「低到很少當地居民會覺得有吸引力」，只有外地來的移工才願意屈就。對食品業而言，農場已變成工廠，下一節我們將以乳品、豬和雞為例，進一步讓大家明白真相[20]。

成為「全國乳業重鎮」，到底是榮耀還是恥辱？

「是什麼因素會吸引人搬到涂萊里郡（Tulare County）？」二〇〇九年該郡教育局在發行的宣傳刊物《適合居住的地方》上面寫道：「因為這是一個適合新企業成長的絕佳環境……假如你嚮往小鎮魅力又想擁有大城市的優點，這裡是你理想的選擇。」[21]

這個郡位於加州中央谷地，卻也是充滿爭議的超大型乳業所在地，牛奶產量及平均每座牧場的乳牛數目在加州所有郡縣中居冠。該郡有五十萬頭乳牛，比總人口數還多。這些乳牛很多都是養在狹窄的空間，產生的惡臭可以飄到很遠的地方。牛隻排泄物儲放在大貯槽或非密封的池塘或瀉湖中，大批乳牛關在非拴養式的牛舍或無草的戶外圍場，吃的是買來的飼料而非乾草或小牧場常用的飼料。引進乳業短短三十多年，徹底改變了涂萊里郡的景觀[22]。

涂萊里郡的日常生活環境，隨著超大型乳業的成長而惡化。該郡的貧窮率高於加州任何郡縣，在全美也名列前茅。居民呼吸不健康的空氣，空氣中所含的來自超大乳牛場的阿摩尼亞和微塵污染物，能造成呼吸組織發炎並引發氣喘、支氣管炎和過敏。該郡的學童因教室附近的農地噴灑農藥而患病，農藥中毒事件數在全加州中最高。超大乳牛場對健康與環境造成的衝擊，以及種種與食物種植和食物生產相關的農藥和其他危險，都使得涂萊里郡成為一個不怎麼適合居住的地方[23]。

對涂萊里郡來說，超大型乳業是一個相對新的現象。一九五〇及六〇年代，新型製乳工業興起，當時稱為「工業化圈飼乳牛業」（industrialized drylot dairying），通常集中在都市邊緣地帶或市界以內的非住宅區，比如加州的洛杉磯郡和亞利桑納州的馬里科帕郡（Maricopa County）之類的地方。這些乳牛圈飼場不同於中西部和東北部的小乳牛場，最大的不同在於使用封閉式的牧場、飼料從外地進口、土地集中、乳牛數目龐大。過去，一般乳牛場平均養三百至六百頭乳牛，但這種新型乳牛場，動輒養一萬頭以上的乳牛[24]。

從一九六〇年代中期到八〇年代，許多洛杉磯郡的傳統乳品業者不是搬遷，就是被加州中央谷地的大地主買下。這個轉變，使得加州在一九九三年超越威斯康辛州，成為全美最大的乳品產地。一九七四和九七年間，涂萊里郡的乳牛場家數少了四成，產乳母牛的數目反而增加了一倍。儘管美國乳業政策，透過牛群收購（Dairy Herd Buyout）之類的計畫，企圖減少牛奶產量，但加州和涂萊里郡的牛奶產量照樣不減反增[25]。

一九九八年，傳奇性環境正義律師路克．柯爾（Luke Cole）接到一通克恩郡（Kern County）亞文市居民的電話。克恩郡位於涂萊里郡南邊，他們告訴柯爾，這一帶已經因為農藥暴露而遭受種種健康與環境危害。柯爾的環境正義組織「種族、貧窮與環境中心」（Center on Race, Poverty and the Environment，簡稱 CRPE），先前曾代表當地居民打官司，於是他決定率領一群實習生著手調查，進而發現一些令人震驚的資料。

首先，該郡的博爾巴乳業（Borba Dairy），正計畫飼養高達一萬四千頭的乳牛，這些計畫及其潛在的健康與環境影響，居然不必進行環境衝擊評估。「公然違法。」CRPE 的律師卡洛琳．費若（Caroline Farrell）說。此外，在毗鄰的國王郡還有另一個更大的乳牛場，業者計畫飼養五萬五千頭乳牛，也同樣要求以否定聲明書（Negative Declaration）說明對環境無重大衝擊的方式來規避環評。CRPE 立刻提告，最後成功強迫兩座乳牛場進行環評[26]。此後，好幾個社區團體先後加入 CRPE 一類的組織，挺身對抗新興的乳品業者及超大型的畜養計畫。二〇〇〇年，涂萊里郡政府下令暫停新的超大乳牛場，直到二〇〇四年才開禁。

雖然這些行動減緩了大型乳品業的發展，卻阻止不了業者的繼續擴張[27]，食物正義捍衛團體仍然面對巨大如山的挑戰。「乳品業在涂萊里郡仍然呼風喚雨，他們以擁有牛隻數目超過人口總數及維持加州乳業冠軍地位為傲。」費若說。尤其，隨著牛奶供過於求及二〇〇九年價格暴跌，操控市場的手法變得更加激烈，小乳牛場受到的擠壓更加惡化。要改變涂萊里郡——至少使它變成一個比較適合居住的地方——如費若所言，必須「改變乳品業和農業已逐漸形成的經營方式」[28]。

豬糞池崩塌，全都流到土裡河中……

除了加州的乳牛，養豬業也值得我們關注。例如，北卡羅來納州東部的養豬業，這裡絕大多數居民都是貧窮的非裔美國人。北卡羅來納州的食物生產和農業，包括養豬業，曾分散於州境四處，大都是小型的獨營農場，提供當地家庭食物來源。一九八〇年代初，隨著集中型動物飼養業者（concentrated animal feeding operations，簡稱 CAFOs）的大幅成長，小農場大量流失。

工業化養豬場大張旗鼓，讓北卡羅來納州成了全美最大的豬肉生產者，也成了史密斯費爾德（Smithfield）、泰森（Tyson）和康尼格拉（ConAgra）等大食品公司的必爭之地，還催生了一個全世界規模最大的肉品加工廠——由史密斯費爾德公司經營，設在布萊敦郡（Bladen County），每年宰殺的豬隻多達八百萬頭。一九九〇年代中，北卡羅來納州已成為愛荷華州以外，全美國最大的工業化豬隻生產地，幾乎所有生產都集中在該州東部[29]。

這些新的工業化養豬場帶來多重危害，使得在工廠附近工作或居住的人幾乎避不掉健康的威脅與生活品質降低。就像那些位於涂萊里郡超大乳牛場附近的社區，鄰近養豬場的居民也必須忍受動物排泄物儲存池和糞肥噴灑產生的大量污水、豬圈散發的臭味，以及嚴重的水質和空氣品質問題。光是空氣中瀰漫的臭味，就足以令社區居民感覺「緊張、沮喪、憤怒、疲倦及困惑」，還有「更常發生頭痛、流鼻水、喉嚨痛、咳嗽、拉肚子和眼睛灼熱」[30]。

一九九五年夏天，在北卡東部的昂斯洛郡（Onslow County），一座占地八英畝的豬排泄物儲存池崩垮，約二千五百萬加侖的糞尿洩入河流中。這起外洩事件污染了長達二十二英里的河域，造成魚類死亡、水藻暴增和大腸菌污染。數年後的一九九〇年代，當颶風法蘭、邦妮和佛洛德襲擊北卡海岸時，也發生大規模的污染事件[31]。

就在這段時期，反工業化養豬業的運動也快速崛起。組織行動首先出現在哈里費克斯郡（Halifax County），為的是阻止一座可能影響到緹樂里（Tillery）古城的養豬場設址。活動的領導者是一個稱為「緹樂里不安市民協會」（Concerned Citizens of Tillery）的社區團體，參與者是一群憂慮居住環境受到衝擊的社區居民，他們聯手反對史密斯費爾德公司在恐怖角河岸的發展。該區已經是杜邦等各家污染性工業和公司的大本營，倘若再加上史密斯費爾德，不啻將大量的新污染源放在一個被某商業雜誌形容為「你所能找到最接近紐澤西州或西維吉尼亞州『化學巷弄』的地方」。

這個行動後來催生了豬業圓桌會議（Hog Roundtable），這是一個全州性的團體聯盟，成員包括一些主流環保和動物權組織。他們決議要公布工業化豬隻生產危害環境的研究，以反制工業化養豬業者的巨大遊說和政治影響力。

雖然業者否認任何負面影響與他們的運作有關[32]，但隨著各種研究和怵目驚心的環境影響研究問世，州政府官員的壓力升高，不得不做出回應。一九九七年，該州通過停建新養豬場兩年禁令。可惜，後來豬圓桌會議開始分裂，對於該提出什麼要求和解決什麼問題意見分歧，最後導致解散，成員分道揚鑣。而史密斯費爾德以及養豬業（或「豬老闆」們）的政治影響力，依舊壯大如昔。

他們把本該健康的食物，變成了噁心的合成產品……

美國家禽農場的工業化，早已廣為人知。一九八〇年代初，當麥當勞開始計畫推出麥香雞時，就決定與泰森食品公司合作。泰森原本只是一家純粹生產雞肉的業者，後來成了食品業的巨獸，甚至開發出一種新式產品——重組肉，並開啟了農場、製造商、工廠工人及速食業之間關係的重大改變[33]。

看泰森的發展，可以讓我們理解這個不正義的食物鏈是如何演化的。這家阿肯色州公司發跡於大蕭條時期，當時公司的創辦人約翰．泰森（John Tyson）向其他農場收購雞隻，然後賣到芝加哥賺取利潤。一九五七年泰森建造了第一座加工廠，並靠收購較小的公司和採用工業生產方法繼續擴張。這些方法包括使用家禽類 CAFOs，把好幾千隻的雞塞進小小的空間飼養，通常是無窗的棚舍、箱式鐵籠、母雞狹欄或其他設計*，總之都是禁閉式空間。雞隻通常無法移動或轉身，要靠抗生素才能活下去。隨著泰森事業版圖擴大，逐漸透過與雞農簽約的方式，掌控下游運作。這些下游雞農本來就收入微薄，如今更被高度剝削。至於泰森自己的加工廠，因為工資低廉、工作環境危險，加上苛刻虐待員工，流動率高達七五％[34]。

一九七〇年代，泰森開始多樣化產品線，生產高達數十種產品——從雞肉火腿、雞肉熱狗、裹麵粉的雞肉餅到 Chick'n Quick 牌炸雞塊，還要加上跟麥當勞簽約後無處不在的麥克雞塊，以及眾多加熱即食的熟食類品項。到了一九九〇年代，泰森更是全球化，在墨西哥、中國和南亞成立合資企業和工廠，最後擴展到九十多個國家。今天的泰森，是全世界最大的雞肉生產商，二〇〇一年購併IBP公司後，也晉身為全世界最大的紅肉製造商[35]。

另外還有一家IBP，原名愛荷華牛肉加工廠，與泰森一樣，也是肉品業的巨獸。該公司起初賣薄利的批發肉塊，後來賣「分類包裝牛肉」或「現成切好」的牛肉部位給連鎖速食店和超市。這些產品深受沃爾瑪青睞，因此這家零售業龍頭也成了IBP（其實還有泰森）的大主顧。對沃爾瑪來說，切好密封包裝的肉品完全符合它所想要的低成本策略，把切肉師傅換成搬貨小弟，工資就少了三分之二。

這些業者的大幅擴張，也讓他們成了「食物不正義」的主要推手。與泰森簽下合約的雞農被壓榨，淪為無權無勢的約聘工人，供應泰森龐大的需求。根據一項估計，這些約聘農民中高達七一%賺取的工資低於貧窮線。整個泰森企業雇用的工人在十萬名以上，其中許多人面對的是嚴重的健康影響及危險的工作環境。CAFOs 對環境的破壞也變得顯而易見，包括對水和空氣品質的廣泛負面影響，而幾乎所有這些運作都落在最貧窮的地區[36]。

漸漸的，泰森及其他大型肉品業者和連鎖速食店對待動物的不人道方式，終於紙包不住火。二〇〇四年七月，《CBS晚間新聞》根據善待動物組織（People for the Ethical Treatment of Animals，簡稱PETA）的調查，播出一則關於西維吉尼亞州摩爾斐德市（Moorefield）一家屠宰場的報導。這家屠宰場是肯德基的供應商，影片中的工人用腳踩踹雞隻，還把雞重摔到地面和牆上，甚至扯下雞喙、扭斷雞脖子，或把菸草吐到雞的眼睛和嘴巴裡，把油漆噴到雞的臉上，或用力擠壓雞的身體排便——所有這一切，都發生在雞還活著的時候[37]。

每一件諸如此類的不正義，不論施加的對象是養雞戶、工人或動物，都是現代養雞工業化發展的一部分。當這些產品進入市場後，就把一度被視為更健康、更瘦更低脂的雞，變成了高度加工、重新組合的產品，然後我們將要面對的，就是重大的健康危機[38]。

---

*母雞狹欄是一種僅能勉強容納身體大小的金屬圍欄，把性成熟的母雞關在裡面，限制其活動。同樣的情形也見於集中化養殖的母豬。

第 2 章

給我們健康的食物通路

多幾家果菜市集，少一點速食店

我們主張
應該重視食物販售的地點、方式和種類。
今天，我們的城市連鎖速食店四處林立，
卻有更多低收入社區淪為買不到新鮮平價蔬果的「食物沙漠」。
當速食被大力宣傳和推銷給最弱勢的人，
當新鮮食物不能從鄰近商店和餐廳取得，
消費者就無法如營養師所建議的
一天吃五份新鮮蔬果，保持營養均衡。
因此，除了關心農業之外，
我們也要問：哪裡可以買到平價、健康的食物？
你我所居住的社區，是否有良好的食物通路？

當彼得．尤伯羅斯與四大連鎖超市的執行長一起走向舞台時*，很多人都對他們充滿了期待。

時間回到一九九二年，洛杉磯暴動把市長湯姆．布萊德利（Tom Bradley）及其他政客嚇壞了**，政府開始正視洛杉磯部分發生暴動的貧窮社區所存在的經濟和社會問題。例如他們發現，許多超市業者根本不願在這些貧窮社區落腳，導致居民無法取得平價的新鮮食物，也無法找到薪資較為理想的工作。

在一九九二年七月的那場記者會上，尤伯羅斯及Ralphs、Vons、Albertsons和Smart and Final這四家連鎖超市的老闆宣布，他們計畫在貧窮社區興建三十二間新超市。他們表示，這將創造數千個就業機會，並提供新鮮和平價的食物[1]。

這項承諾，很快就被證明是一張空頭支票。沒錯，確實有幾家超市在那一帶開張過，但

*尤伯羅斯（Peter Ueberroth）是北美第二大旅遊公司老闆，一九八四年出任洛杉磯奧運會組委會主席，首創奧運會商業運作的私營模式，在沒有政府資助的情況下，創造了二億多美元的盈利，被稱為商業奧運之父。

**暴動的起因，是四名警察毆打涉及交通違規事件的一名黑人，當地陪審團將被控「使用過當武力」的警察無罪釋放，群眾不滿上街抗議，引發一連串暴動，導致五十三人死亡，數千人輕重傷。

後來關門了。例如Vons（如今已併入Safeway集團），開沒幾年就關門大吉。當一家接著一家超市抽腿，這些街區的「食品採買缺口」（grocery gap）也隨之惡化。現在，這些街區被形容為「食物沙漠」（food deserts）——這個詞最早出現在英國，用來形容那些缺乏平價新鮮食物賣場的地方[2]。

亮麗外表下，一個又一個垃圾食物橫行的「食物沙漠」

十五年後，社區關懷食物環境行動（Community Action on Food Environments，簡稱CAFE）與當地中學生聯手進行一項「社區食物評鑑」調查，試圖了解居民的食物主要來自哪些「地點」。他們帶著問卷和地圖，在街頭上實際觀察環境並勘查販賣食物的場所。結果證實，情況真的無法更糟了：一二七三家食物相關店家中，最多的是速食餐廳（占所有食品來源的二九・六％），其次是便利商店或酒鋪（二一・六％）。貨樣齊全的超市，只有區區不到二％[3]。

其他城市的調查，也得到相似的結果。二〇〇二年——也就是洛杉磯暴動十週年——都市與環境政策學會（UEPI）公布一份標題為「洛杉磯仍存在食品採買缺口」的報告[4]，許多低收入社區「在步行範圍內，缺乏貨樣齊全的食品商店提供平價食物，包括新鮮食品」，大都會區是如此，鄉下地區亦然。相反的，不良食物的選擇卻滿坑滿谷，最佳代表就是速食餐廳和酒鋪。情況比較嚴重的城市包括——

・**紐約市：**都市計畫局二〇〇八年的研究顯示，將近三百萬居民住在「高度匱乏」的街區。該報告利用「超市需求指數」（supermarket need index），找出「飲食相關疾病」與「購買新鮮食物管道」之間的相關性。「有很多受訪者表示，在接受調查的前一天沒有吃任何新鮮水果或蔬菜，這真是我們城市的健康危機。」都市計畫局的局長亞曼達・博登（Amanda Burden）告訴《紐約時報》[5]。

・**芝加哥：**根據一份二〇〇七年完成的研究，超過五十萬名芝加哥居民所居住的地方，「很少」或「完全沒有」貨樣齊全的食品商店。該報告計算每一條街「與食品商店」（可以買到新鮮、健康、平價食物的地方）之間的距離，除以「與最近速食餐廳」（販賣高脂、高鹽食物的地點）之間的距離，得出「食物均衡分數」（food balance score）。「在典型的非裔社區，」研究報告指出：「去前者的距離大約是後者的兩倍。」[6]

・**德州、阿肯色州、阿拉巴馬州和奧克拉荷馬州鄉下：**小鎮食品商店關門，有時候與農村經濟衰退和人口流失有關。這個現象在上述四州的鄉下特別顯著，根據湯姆・布蘭查德

（Tom Blanchard）和湯姆・賴森（Tom Lyson）的研究，在這些州總共八七三個郡縣中，高達二五三個郡縣的超市或大賣場坐落在居民必須開車十英里以上才到得了的地方[7]。另一項針對密西西比河下游三角洲低收入農鄉郡縣的研究，則發現平均每一九〇・五平方英里才有一家超市，超過七成的三角洲居民必須開至少三十英里的車，才能在超市買東西[8]。

・**紐奧良市**：根據杜蘭大學預防研究中心的報告，許多紐奧良街區在卡崔娜颶風之前就已經缺乏管道取得健康食物。颶風過後，問題更加嚴重，截至二〇〇九年一月止，該市只有一半的超市重新開張，其中大都集中在比較富裕的地區[9]。另一項調查則指出，該市的速食與垃圾食物日益氾濫，用「食物沼澤」比用「食物沙漠」來形容更為貼切，「因為這裡實際上並不是沒有食物，而是到處充斥著沒營養的高熱量食品。」[10]

・**紐約州伊利郡**：紐約州立大學水牛城分校的研究員調查發現，雖然伊利郡（Erie County）低收入非裔美國人社區的超市不多，但幸好有一些小型食品店，可以彌補大型連鎖超市缺席的遺憾。研究員的結論是，「與其苦苦哀求大超市進駐，不如支持小規模、高品質的食品雜貨店，讓居民可以買到有益健康的食物。」[11]

・**加州**：一項研究根據加州健康訪查蒐集到的數據發現，在速食餐廳和便利商店比食品商店和新鮮蔬果攤多的社區，肥胖症和糖尿病的罹患率較高，而且低收入的社區更為嚴重[12]。

賣場越來越大，卻離我們的家越來越遠……

超市從低收入社區消失，只是美國及許多已開發國家的食品零售業過去八十年來大幅改變的現象之一。

現代超市在一九三〇年代後期崛起，但當時規模很小。直到一九六〇年代，食品零售業才出現經營型態的大改變。這段時期，有些店面已經擴大為六萬至八萬平方英尺，並從市中心搬到土地更便宜的郊區，消費者可以利用新完成的高速公路前往這些大超市。原本市中心裡的小店鋪，則漸漸頂讓給連鎖店。一九八〇年代後期及九〇年代，食品業者展開一連串購併，幾家全國連鎖超市如 Kroger 和 Safeway 等，掌控了許多地方的食物零售通路，進而控制了這些地區的食物供給[13]。

就在連鎖超市更集中的同時，一種新的商店形式——大賣場——出現了。沃爾瑪購物廣場（supercenters）的店面，面積超過二十四萬平方英尺，提供的食物琳瑯滿目。其他幾家國際性食品零售業者如阿霍德（Ahold）和特易購（Tesco），也相繼進入美國市場。這些大型的連鎖食品零售業者，改變了食品生產的方式，也改變了消費者的選擇。「新包裝、新行銷、新產品……全都是為了引誘消費者購買。」食物與健康研究者提姆・朗（Tim Lang）與麥可．希斯曼（Michael Heasman）表示[14]。這些超市的自有品牌商品，現在占店內貨架越來越大的比例，也擠壓了在地食物生產者的空間[15]。

在這些超市裡，許多產品往往只是改變部分成分，或是在包裝上做小小調整，就被視為新產品。「這些新產品通常只是原本產品的不同版本，」美國農業部報告指出，「徒有煥然一新的形象，卻沒有為消費者創造真正的新益處。」由於新產品的失敗率高達九〇％，食品零售業者越來越重視食品行銷，而不是食物本身的營養成分。

與此同時，許多零售業者開始向供貨商收取「上架費」，往往也使得貨架落入財力雄厚、付得起上架費且能源源不斷推出新產品的大財團手中，架上擺滿了各種汽水、含糖加工食品、糖果和洋芋片。這類產品的分量越來越大，營養價值卻越來越低。

鴨子划水……依舊划向有購買力的社區

對於現代超市的出現，主張食物正義的人是憂喜參半的。喜的，是這些超市讓低收入社區的居民可以取得新鮮和更好的農產品；憂的，是這些超市裡的加工食品、糖果、零食和汽水，往往也是居民們最主要的垃圾食物來源。

英國食品零售商龍頭特易購，在英國的市占率高達三一%[16]，版圖涵蓋十幾個歐洲和亞洲國家。二〇〇五年秋季，特易購決定進入美國市場，執行長泰瑞．李希（Terry Leahy）向英國《獨立報》（*Independent*）表示，為了讓美國的特易購規模不輸給英國，預計的投資金額高達三十億美元[17]。

有趣的是，早在消息見報前，特易購為了研究美國消費者和市場，同時又不打草驚蛇、驚動同業，悄悄在美國發動了一場《商業週刊》所描述的「鴨子划水計畫」：該公司派出多位資深經理，佯稱自己是電影製片，想拍一部關於美國超市的電影。他們在美國西岸一座倉庫搭蓋了一間便利商店，「為了不留下半點線索，」《商業週刊》報導：「他們採購商品時，一律用塑膠袋裝現金支付貨款，不刷公司簽帳卡。」兩年後，「鴨子划水計畫」結束，特易購正式出招，第一批店在南加州、拉斯維加斯和鳳凰城等地開幕，並打算接下來要在其他幾個地區再開數百間[18]。

特易購採取的訴求，是「新鮮便利鄰里市場」（Fresh & Easy Neighborhood Market），強調「在地」和「新鮮食品」特色，並提供「現做」外賣熟食。它也用較小的店面（約一萬至一萬五千平方英尺）來凸顯「在地」、「鄰里」的訴求。「我們會落腳在那些已成為食物沙漠的街區。」美國營運部總裁提姆．曼森（Tim Manson）告訴英國《觀察報》（*Obser-*

er）[19]。但說歸說，特易購最後並沒有真的大舉進駐「食物沙漠」，而是同樣進軍購買力較高的社區。因此儘管有人肯定它在低收入社區開了幾間店，但也有人批判它開出空頭支票。也就是說，沃爾瑪的這個主要對手，其實無法改善食物正義問題，仍舊是一頭強化食品零售業全球化的大怪獸——只是以小商店形式出現罷了[20]。

看多了食品廣告，讓我們天天都像在過「食物嘉年華」

與此同時，現代食品業者的強力行銷，也大幅改變了零售市場所販賣的食品樣貌。各種高度加工食品的普及化，使得美國人的日常飲食中，糖、脂肪和鹽分的攝取量快速上升。美國食品藥物管理局前局長大衛．凱斯勒（David Kessler）說，食品業者將脂肪、糖和鹽放在超市的「每一個角落」，讓所有人「一天二十四小時、一個禮拜七天都可買到」。「他們讓『隨時都在吃東西』變成一件很正常的事，」凱斯勒在廣播節目《民主現狀》（*Democracy Now*）中說：「他們的廣告很厲害，看到這些廣告，你會愛上這些食品，會渴望這些食品。他們把吃這類食品變成娛樂。事實上，我們天天就像在過食物嘉年華。」[21]

看看一般超市裡賣的食品種類，就能理解凱斯勒的批判。一九二〇年代後期，一般商店平均賣八七〇款產品，一九五〇年代初增加為四千多款，到了二〇〇〇年暴增至三萬至四萬多款。光是二〇〇五那一年，就有一八七二二項新食品和飲料上市。其中許多「新」產品，都只是既有產品的小改款（例如同樣是奧利歐夾心餅乾，只是換了糖霜顏色），而且高達三分之二的新產品會在一兩年後從市場消失[22]。

這些新產品最常見的訴求之一，就是「便利」。「便利餐」（Lunchable）是一個好例子，這款專門為學齡兒童設計，用預先包裝好的加工肉、起司和餅乾組合而成的廉價午餐，是卡夫食品公司（Kraft Corporation）的子公司奧斯卡梅爾（Oscar Mayer）於一九八八年推出的產品。對於忙碌的父母和成長於速食世界的小朋友來說，這款標榜「讓孩子抓了就走的午餐盒」，成了省時省事的代名詞，一年毛利高達七億一千九百萬美元，占奧斯卡梅爾全年營收近二〇%。後來，奧斯卡梅爾還推出另一款小便利餐，給「好動……忙碌」的三到五歲幼童，這群還沒上幼稚園的孩子，目前過胖率正在快速提高，尤其是低收入家庭的孩子。為了抓牢這批小顧客，卡夫食品公司還特別在官網上提供了一個「便利餐軍團絕地遠征」遊戲[23]。

在眾多垃圾食品和劣質食物中，以無所不在的汽水飲料最普遍。這多虧了該產業的兩大龍頭——可口可樂和百事公司，靠的是高超的行銷本領與政商關係（例如可口可樂在二次大戰期間拿下美國軍方合約，供應一百多億瓶可樂，占陸軍基地提供的軟性飲料九五%）。早在一九二三年，該公司大股東就宣稱，可口可樂已成為「美國資本主義的靈魂」[24]。

這兩家公司無遠弗屆的全球影響力，以及在整個食品與飲料產業的龐大版圖，令人嘆為觀止。透過超市、學校、醫院的自動販賣機，加上廣告看板、電視廣告、音樂與電影裡的置入性行銷，這兩個品牌深入許多人的日常生活。含糖汽水的總消費量在美國一路快速成長，也讓美國人日常所攝取的卡路里不斷上升。二〇〇四年一篇發表在《美國預防保健期刊》（*American Journal of Preventive Health*）的研究發現，美國人從一九七七到二〇〇一年之間，因為喝汽水而多攝取了一三五%的熱量。

這麼驚人的熱量攝取增幅，讓人們注意到汽水對健康的威脅，於是政府不斷宣導，希望減少美國人喝汽水的數量，果然讓美國汽水的銷售量下滑許多[25]。為了因應銷售量下滑，汽水公司只好想出更多巧妙策略來推銷產品。例如，可口可樂就曾被踢爆，與橄欖園（Oliver Garden）連鎖餐廳聯手，在網站上闢了一個「拒水行動」專區，取名為H2NO，教餐廳服務生如何不讓顧客索取免費白開水，以及如何誘導顧客改點飲料——當然最好是點杯可樂。這些內容已在可口可樂網站上存在三年，竟然一直沒被發現，直到二〇〇一年才被一位部落客踢爆，並隨即被瘋狂轉貼。一個星期後，可口可樂將內容撤下，但為時已晚，《紐約時報》已經著手調查，不久後新聞就見報了[26]。

從食物正義觀點來看，各種汽水、低價垃圾食物與低所得家庭之間的關係令人憂心。華盛頓大學公共健康與營養中心的亞當．朱諾斯基（Adam Drewnoski）及同仁的研究顯示，卡路里含量高但營養成分低的食物，往往比卡路里較低但營養豐富的食物（如蔬菜和水果）便宜，而便宜的垃圾食物和高卡路里的速食顯然更受低所得家庭的歡迎。

醫院裡的餐廳，可以賣垃圾食品嗎？

速食之所以便宜，原因之一是餐廳員工（包括打工族）薪資通常很低，我們往往也很少在意一家餐廳是否「不正義」地對待員工與服務生。「餐飲業雖然有一些『好』工作，但大部分是『壞工作』，特點是工資低、福利少，向上流動和增加收入的機會有限。」紐約餐飲就業中心（Restaurant Opportunities Center）表示[27]。許多餐廳違反最低工資等規定，員工們往往休息時間不足。二〇〇八年，在一個勞工團體的努力下，替餐廳員工爭取到一項重大勝利：紐約市七家餐廳同意歸還員工三百九十萬美元的小費和積欠工資，並且承諾將遵守法律，包括每天給員工半小時午休，以及不得任意解雇員工等等。雖然只有七家餐廳簽署，但這份協議代表的是一次難得的食物正義勝利[28]。

一九九〇年代初，麥當勞推出「麥當勞極速店」（McDonald's Express）和「麥克總站」（McStop）兩種概念店。前者的創新之處在於：店面較小（只有大部分麥當勞餐廳的四分之一到一半大），且為預鑄建築，可以搬到任何地方；後者則是結合了加油站、小商場、沃爾瑪等服務，貫徹所謂的「便利策略」，要在「人們居住、工作、購物、玩樂和聚會的任何地方都有一個據點」，在「人們每一個轉身之處攔截他們」。這些店同樣標榜速度——「這是一個不能慢下來的世界。」[29]例如，曾有媒體這樣形容：麥當勞讓「趕時間的顧客可以一邊為車子加油，一邊滿足食欲，當油箱灌滿了，胃也飽足了」。快速、便利、便宜，也從此成了速食革命的主要訴求[30]。

當然，人們外食的比率也提高了。一九六〇年，美國人每十塊錢的伙食費中大約有兩塊錢花在家以外的地方。到了一九八〇年代，外食用餐占比增加為二六．四%，隨著速食餐廳四處展店，一九八五年美國人的外食比重增加到四〇．一%。原因除了麥當勞等速食業者的行銷很成功之外，也可歸因於外食價格下滑，以及更多人想要吃得更快、更方便。一九九七年，速食店占美國整體餐飲市場的一七%；到了二〇〇六年，這個數字躍升到三〇%。

今天，這種美式速食也深入亞洲、非洲、歐洲和南美洲，就算美國速食銷售額近年開始停滯不前，其他國家的業績還是持續成長。以麥當勞來說，目前的營收當中有高達六五%是來自美國以外的國家。從巴黎的香榭麗舍大道、北京和孟買的大馬路邊，到南洛杉磯的偏遠鄉間，四處可見麥當勞這類美式速食餐廳，其中有許多就開在距離學校短途步行範圍內。就如一項研究指出的：「在孩子們的學校附近，充斥著劣質食物。」

還有醫院，有些醫院直接就讓速食店開在院區內，讓病人吃這類食物。二〇〇二年一封寫給《美國醫學會期刊》（*Journal of American Medical Association*）的投書，揭露了美國最好的醫院裡速食餐廳的盛行程度——高達三八％的醫院，院區內有速食餐廳進駐。同一年，另一份研究也揭露麥當勞鎖定小兒科醫院的策略，有時醫院還會拿著麥當勞的菜單，讓醫院的病童吃速食。田納西州納許維爾市的梵德比爾兒童醫院（Vanderbilt's Children's Hospital）與洛杉磯兒童醫院的住院醫師，每個月還可拿到麥當勞給的二十五美元折價券。「速食可以是健康飲食的一部分，」馬里蘭州聖約瑟醫學中心餐飲服務部主任說：「有時候，吃垃圾食物就是能讓你快樂。」二〇〇六年一份發表在《小兒科》（*Pediatrics*）期刊上的追蹤研究發現，提供小兒科住院醫師實習計畫的醫院，其中有高達三〇％有速食餐廳。另一項研究則發現，開在醫院裡的速食餐廳會讓人產生「麥當勞食物有益健康的正面觀感」，在醫院開速食餐廳，病童父母購買速食的次數也會增加[31]。

一旦人們開始關心健康飲食，就會給食品業者施加壓力。可口可樂公司一位行銷部高階主管就警告，肥胖問題可能成為該公司的「罩門」[32]。二〇〇二年，瑞銀華寶（UBS Warburg）和摩根（J. P. Morgan）這兩家投資銀行，分別發表報告要投資人提防「產品可能助長肥胖」的公司股票。瑞銀華寶說，與肥胖症相關的風險「尚未計算在股價內」，摩根則建議投資者應依據「暴露於肥胖風險的產品數量」，來計算食品公司的投資風險[33]。

面對這些質疑，食品業者當然想轉移焦點，於是玩起了新的行銷策略。二〇〇九年，關注衛生與保健政策的《米爾班克季刊》（*Milbank Quarterly*）發表了一篇有趣的研究，作者凱莉・柏奈爾（Kelly Brownell）和肯尼斯・華納（Kenneth Warner）分析菸草業和食品業在面對健康疑慮時，會採取哪些行動。結果發現，雖然這兩大產業的業者都否認自己的產品會危害健康，甚至出錢資助相關研究來證實他們的說法（例如，尼古丁不會上癮、汽水與體重無關等等），但諷刺的是，他們同時也想盡辦法要把自己「漂綠」，例如菸草業推出號稱「更健康」的濾嘴香菸，而連鎖速食業者則是在店裡供應「健康食品」。這些都是虛晃一招、掩人耳目的做法，食品業會成為食物正義挑戰的對象，也就不足為奇了[34]。

第3章

美食天堂，還是劣食地獄？

拒絕廣告洗腦，正確地消費食物

食物正義，要提醒消費者破解食品業者的行銷手段。
多年來，他們憑空發明出不健康的食物，
然後用排山倒海的廣告，讓人們以為是好食物。
他們將速食、冷凍食品、料理包與各種汽水，
偽裝成主婦的好幫手、校園的好設備，滲透現代人的日常生活。
我們提醒世人：
別讓這些廣告，改變我們對「食物」的理解。
食物應該如何料理、應該如何販售、應該如何享用，
我們每一個人，都應拒絕食品廣告的洗腦，
拒絕跨國業者操弄我們對食物的選擇。

法國南部的米約鎮（Millau）上，人們像在過節似的，聚集在一處正在興建麥當勞的工地，聲援來此抗議的農民。

那是一九九九年，麥當勞落腳法國已經二十七年。對麥當勞來說，進軍法國原是一場豪賭，因為眾所周知，法國政治人物與文人長久以來都很重視在地耕作和在地飲食。「速食的快速、標準化及高同質性，幾乎與法國的美食觀念完全相反。」法國速食業研究者瑞克．方塔西雅（Rick Fantasia）說。但也有些分析師認為「食物工業化和口味國際化是不可避免的趨勢」，法國同樣難以抵擋[1]。

那場示威的發起者是當地一位名叫約瑟．博韋（José Bové）的羊農兼社運人士，他領導的農民聯盟（Confédération Paysanne）是法國一個激進的農民組織。在抗議行動中，農民拆下麥當勞的門框和隔板，堆在拖拉機後遊街示眾，居民們在一旁歡呼，孩子們跟著嬉鬧，警察袖手旁觀。博韋後來被起訴，隔年出庭受審，超過十萬名抗議者聚集聲援。後來博韋加入西雅圖反世界貿易組織陣營，並成為反全球化速食的代表人物。

博韋說，速食是malbouffe，這個法文字的意思是「爛食物」，是一種被剝除「味道、健康、文化與源頭」的食物。「這種食物是憑空變出來的，」他說，是食物標準化的產物，「不管走到哪，味道都一樣。」博韋說反爛食物的行動，就是要挑戰當前「整套農業和食物生產流程」[2]。

對博韋及其他反速食運動者來說，抗議麥當勞就是在抗議這種食物生產方式，抗議這一整套滲透我們社會、文化、環境、經濟和健康的食物系統。今天，跨國食品業者決定了人們買到及吃到哪些食物。為了增加利潤，他們鼓勵大家吃更大的分量，並在農產品中添加工業成分，改變食物本質。因為有了速食，「食物」從此與「產地」脫鉤。世界農業組織的彼得．史蒂文森（Peter Stephenson）認為，速食餐廳成了一個「文化刨根（culturally decontextualized）的地點」，顧客打從踏進餐廳那一刻起，就像體驗了一場「即時移民」。無論是採購食物或購買食物，食品業的世界──借用專欄作家湯瑪斯．佛里曼（Thomas Friedman）的話──都變平了[3]。

冷凍食品是上帝賜給忙碌家庭主婦的禮物？

其實早在速食餐廳興起之前，人們的日常飲食就已經開始轉變了。當大量人口從農村遷移到都市，然後再從都市中心遷移到都市周圍的郊區（一九五〇年代，許多城市周邊的郊區成了人口成長最快的地方），傳統農村的種植和料理技能逐漸被遺忘。二十世紀初開始流行的校園營養午餐，更加速了新世代與家庭食物漸行漸遠的趨勢[4]。

第二次世界大戰爆發，也是這股趨勢的重要推手。因為在戰爭期間，食品業者為了因應軍方的龐大需求，不斷推出各種新型加工食品，到了戰後為了消化這些戰爭期間開發出來的新產品，又積極地展開全球性行銷。一九五〇年代，全球加工食品的市占率顯著增加，以罐頭和冷凍蔬菜水果為例，市占率甚至高達四〇%，罐頭嬰兒食品的消耗量也從一九四〇年的二千一百萬磅，攀升到一九五六年的十億磅。一九五〇年代有些食譜書作者還會宣稱，加工食品（例如冷凍食品）是家庭「必需品」。「冷凍食品是上帝賜給忙碌家庭主婦的禮物。」布蘭琪・芙曼（Blanche Firman）在一九五一年的論文〈給年輕妻子的食譜和宴客概念〉中說。一九五二年《商業週刊》登了一篇文章介紹「飲食習慣革命」，並且預言在不久的未來「家庭主婦可以任選一種完全預先準備好的冷凍餐」。一本一九五九年出版的食品業相關教科書，也看好未來一整天都吃冷凍食品的可能性——從早餐的冷凍柳橙汁、咖啡和魚條，到午餐的雞肉可樂餅、炸薯條、巧克力布朗尼和檸檬汁，到晚上的電視晚餐（TV dinners）套餐。「不用洗鍋碗瓢盆，不用洗大小餐碟，餐盒吃完就丟，簡直是家庭主婦的美夢成真。」教科書上這樣寫著[5]。

有人說，在家下廚可能將成為一種失傳的技能，但這種憂心並不是什麼新聞。早在二十世紀初，「家庭主婦」的角色開始改變時，食品業者就宣稱買他們的產品是一種「擺脫下廚」的好方法。例如有一則食品廣告上，就寫著這樣的文案：「有更多比烤蛋糕更好玩、更重要的事情可做，可以**買到**跟自家烘焙一樣濃郁、美味、鬆軟的蛋糕，你何必自己烤呢？」長年在電台代言貝蒂妙廚（Betty Crocker）的主持人瑪潔莉・哈斯黛德（Marjorie Husted），曾在訪問中說：「我非常關心家庭主婦的生活品質和自尊心，我們有數百萬的女人單獨待在家裡，每天勒緊腰帶燒飯洗衣打掃帶孩子，她們需要被提醒：她們值得過得更好。」[6]

關於下廚這件事，戰後的女性──無論是職業婦女或家庭主婦──接收到的是各式各樣自相矛盾的訊息。歷史學者愛莉卡・安德麗翠納斯（Erika Endrigonas）就整理出當時食譜書中各種自相矛盾的奇怪論述，例如：「買加工食品，但自己動手料理」、「要發揮創意，但必須嚴格遵照指示」、「要顧及家中每一個人的偏好，但採購與烹調食物要簡化」、「要兼差賺錢，但也要當個全職的家庭主婦」，諸如此類。

儘管如此，當時各種加工、冷凍和包裝食品的市占率仍然很低，根據一九五七年《廣告時代》（*Advertising Age*）雜誌一篇文章指出，大約只占市場的十四分之一[7]。該文作者勞拉・夏皮羅（Laura Shapiro）寫道，冷凍熟食最著名的品牌「電視晚餐」之所以成功，靠的是電視攻占美國家庭，而不是食品業的促銷[8]。直到一九六〇年代，各種新家電（例如微波爐）紛紛問世，加上電視越來越普及，料理這件事才出現徹底的改頭換面。「速度」和「便利」成了料理的關鍵——人們開始用即食罐頭湯取代新鮮食材燉湯，用「現成的罐頭滷汁、罐頭蘑菇、罐頭碎洋蔥和罐頭烤牛肉」，以「低難度」煮出俄羅斯酸奶牛肉。到了一九八九年，一項關於人們在家吃什麼的蓋洛普調查竟然發現：「幾乎有高達一半的受訪者吃冷凍、包裝或外賣餐食。」根據二〇〇七年美國政府的調查，美國人每天花在食物料理和飯後清洗工作的時間，平均不到半小時，週末也只比半小時多一點點。相較之下，平日一天花在看電視的時間是兩個半小時，週末則超過三小時[9]。

明明是垃圾食物，卻被包裝成平價美食……而且越來越大包

越來越多人用「肥胖流行病」（obesity epidemic），來形容今天人們體重急遽增加並影響健康的現象。雖然「流行病」通常指的是一種「集體」發生的現象，但說到「肥胖」，我們往往更關心的是「個人」。而當我們關心的是個人，就很容易把肥胖的責任放到個人身上，認為肥胖的「個人」應該努力減肥、應該花大錢改善肥胖等等。這一來，往往讓我們忽視了環境因素的重要性：肥胖發生率提高，與整個食物系統的改變有著密切關係[10]。

對於體重和飲食相關疾病（如糖尿病）的快速增加，醫學界與政府都感到憂心。疾病管制署（CDC）的調查發現，二〇〇八年與肥胖有關的年度醫療成本估計高達一四七〇億美元，占所有醫療成本九%，幾乎是一九九八年估計值的兩倍[11]。CDC的全國健康與營養調查（National Health and Nutrition Examination Survey，簡稱NHANES）指出，體重及肥胖症的增加來到了史無前例的高峰；該調查也顯示，每星期外食不到一次者的比率明顯下降（從二八%降到二四%），而每星期外食至少三次者的比率則從一九八七年的三六%，增加到一九九九～二〇〇〇年的四一%。從這些數據可以明顯看出，用餐地點確實對健康造成衝擊[12]。

前面我們提到，外食現象與人們攝取食物的種類多寡直接相關，尤其在青少年和學齡兒童身上特別顯著。調查顯示，平均而言，青少年——速食廣告主打的消費族群——每星期上速食餐廳兩次，每餐的分量也比在家用餐來得大，而且有更高的脂肪、糖和碳水化合物含量。二〇〇九年一月，《美國飲食學會期刊》（*Journal of the American Dietetic Association*）的一篇研究報告指出，高達三五%的青少年和四二%的青少女表示自己「沒時間坐下來好好吃一餐」。只有和別人一起吃晚餐時，他們才能吃得比較好，包括更多的蔬菜和水果。相反的，常跑速食店的結果，導致這些成長中的孩子吃進了更多的糖和脂肪[13]。

除了鎖定年輕人，速食業者也深入最弱勢人口——低收入社區居民——的生活中。長久以來，速食被包裝為廉價的美食，調查顯示，在速食餐廳越多家的低收入社區，新鮮健康的食物越難取得，居民的健康風險也隨之大幅提高[14]。二〇〇七年有一篇研究發現，喝汽水與體重增加、罹患糖尿病、鈣攝取量（從牛奶中取得）減少等現象有關。加州大學洛杉磯分校（UCLA）二〇〇九年的一項調查發現，加州十二至十七歲的所有青春期孩子中，每天喝至少一罐汽水或含糖飲料者高達六二%，相當於一年吞下三十九磅糖[15]。

拜紀錄片《麥胖報告》（*Supersize me*）及《食物政治》（*Food Politics*）、《快餐王國》（*Fast Food Nation*）等書之賜，關於汽水的爭議已經廣為人知。對汽水業者來說，越是大瓶裝的飲料，利潤就越高，因為賣一瓶四十二盎司飲料的成本只比賣一瓶八盎司飲料多一點點，消費者多付的錢幾乎是汽水業者淨賺的。這也就是為什麼業者會不擇手段地增加分量，即使受到部分團體的批判與質疑，照樣要推出「超大杯」產品。二〇〇六年，麥當勞推出巨哥（Hugo）飲料——號稱是為了解除「巨型口渴」——每杯四十二盎司，只要八十九美分（某些分店甚至只要六〇美分），廣告用中文、越南文和西班牙文書寫，明顯針對少數族裔而來[16]。

越來越「大」的，不只是汽水包裝。二〇〇九年四月一日愚人節，百事公司的菲多利（Frito Lay）子公司，就為旗下營業額高達三十億美元的暢銷零食「奇多」（Cheetos）推出

「巨人奇多」促銷活動。為了凸顯「產品之巨大」，包裝袋裡的每一顆奇多都像高爾夫球那麼大，「你可以張大嘴吃。」菲多利行銷部副總裁賈斯汀·藍貝斯（Justin Lambeth）告訴《紐約時報》。整個促銷活動生動有趣，就是要打動「每個人心中的十二歲小孩」。但藍貝斯也聲明，奇多的訴求對象只限十二歲以上的人，因為公司已簽署柯林頓基金會發起的聲明，不再向十二歲以下的兒童行銷[17]。

窮得沒錢吃飯，但還是這麼胖，Why？

另一個引起食物正義捍衛者關注的重點，是許多窮到吃飯有一頓沒一頓的人，居然也出現明顯過重或過度肥胖的現象。根據洛杉磯郡公共衛生局統計，南洛杉磯區有全郡最高的貧窮率，三餐不繼的比率也最高，但該郡最高的成人肥胖率（三五·五％）和兒童肥胖率（二八·九％）也落在此區，心臟病死亡率和糖尿病發生率也比全郡平均值高三成（一二·三％，相較於全郡的八·七％）[18]。

在我們的研究工作中，第一次碰到這個怪異現象是在一九九〇年代中期，當時我們正與UCLA的研究員一起合作。我們與UCLA團隊第一次合作是在一九九四年，就在《洛杉磯時報》做了一系列關於學齡兒童飢餓問題的報導之後。UCLA的兩位重要營養學家夏綠蒂・紐曼（Charlotte Neumann）和蓋爾・哈里遜（Gail Harrison），希望找出學生日常飲食與他們身體質量指數（body mass index，簡稱BMI，用以判定肥胖程度的一種便利方法）的關係。他們對十四所學校的分析結果大感意外：很多學生雖然表示自己在一天或一週中有時會餓肚子，但卻有非常高比率出現過重和肥胖情形。「這些數字令我們震驚。」紐曼當時說[19]。該研究發表後，世界各地的其他研究員也發現相似的現象。雖然不同族群都同樣出現過胖現象，但其中以弱勢族群惡化得最嚴重[20]。

約瑟・博韋所說的「爛食物」（包括速食、汽水及其他垃圾食物），其吸引力與食品業的大手筆行銷有著密切關係。在所有媒體廣告主當中，食品和飲料製造商名列前茅，每年編列巨額的廣告預算。二〇〇四年，食品及飲料公司的龍頭——菲利浦莫里斯／卡夫食品、百事公司及雀巢，分別花了十億美元以上在廣告上。前五十大廣告主，還包括麥當勞（十四億）、沃爾瑪（八億），以及旗下擁有肯德基、塔可鐘和必勝客的百勝餐飲集團（Yum Brands，八億）。根據國際消費者食物組織協會（International Association of Consumer Food Organization）的調查，食品業的全球廣告預算高達四百億美元，比全世界七成國家的國內生產總值（GDP）還要多[21]。

他們用綿綿不絕的廣告，操縱著你我的食物選擇

如果你在孩子年幼時抓住他的心，你就能在未來多年繼續擁有他。

——麥可・席勒斯（Mike Searles），玩具反斗城總裁[22]

廣告影響了所有人的食物選擇，尤其在弱勢族群中特別顯著。食品和飲料業者每年花一〇〇至一五〇億美元瞄準青少年和兒童，美國八到十二歲的兒童平均每天看二十一支食品廣告[23]。在這些針對二至十一歲兒童的食品廣告中，有高達九八％是高糖、高脂或高鹽的產品。其中又以電視廣告特別惡劣，一項研究指出，便利或快速的食品和甜食占廣告食品的八三％。這些廣告中設定的「點心時間」場景，出現的畫面比早餐、午餐和晚餐的總合還要多。

很明顯的，垃圾食物廣告是一門大生意：兒童和青少年消費者花的二〇〇〇億美元中，營業額最高的四大類是糖果和零食、軟性飲料、速食及穀類加工食品。亞利桑納大學傳播教授戴爾・康克爾（Dale Kunkel）表示，相較於偶一為之的廣告，這種疲勞轟炸式的廣告「對兒童的影響很大」。康克爾也是國家醫學院兒童食物行銷委員會的成員[24]。

許多食品業者在網路上也相當活躍，他們會利用各式各樣的遊戲和網路互動來籠絡兒

童。除了前面提過的卡夫食品推出的便利餐網路遊戲，還有許多知名品牌也特別為兒童消費者設立遊戲網站，把品牌、商標、產品置入各個遊戲之中，包括即食麥片 Post 的 Postopia、卡夫食品的 Candystand，以及菲多利的 INNW.com 等等。業者也積極拉攏知名的美食部落客，用美酒佳餚款待他們，請他們住豪華旅館，期待他們在部落格中置入性行銷自家的產品。根據《洛杉磯時報》的報導，食品業者會為許多「媽咪部落客」（mommy bloggers）提供「免費廚具、假期、食品雜貨和足夠餵飽一整個街區小孩的水果味點心」，以博得她們一句美言[25]。

食品公司也瞄準學校，做為打造產品忠誠度、引爆病毒行銷的地點。必勝客自一九八五年起開辦讀書樂（Book It!）計畫，用免費的披薩來獎勵閱讀，在將近一百萬間教室裡，每年有二千二百萬名兒童參加這項計畫。該計畫的官方網站上甚至有一個校友專頁，讓畢業生可以來回憶過去的參與經驗[26]。麥當勞是另一個例子，每年所贊助的「麥克教師」募款晚會，同樣也是與學校掛鉤的典型手法，晚會中甚至有老師當志工，為學生準備速食[27]。業者每年在青少年身上花二十多億美元的活動宣傳，讀書樂計畫和麥當勞的募款晚會，只是其中的一部分而已[28]。

為了吸引學生，業者花招百出。二〇〇一年，通用磨坊（General Mills）付給明尼亞波里斯市十個小學老師一小筆津貼，請他們擔任「特約品牌經理」，在學年開始時，在他們的汽車上掛巨大廣告招牌，宣傳Reese's Puff穀類加工食品。這個宣傳手法後來引發家長的強烈抗議，在媒體大幅報導下，業者才被迫喊停。二〇〇七年，佛羅里達州賽米諾郡（Seminole County）學生收到的成績單信封上，直接就印著「麥當勞叔叔」，還承諾會給成績好、操行好、出席率高的學生一份免費快樂兒童餐。憂心的家長蘇珊・裴根（Susan Pagan）寫信給學校董事會抗議，並與「無廣告童年運動」（Campaign for Commercial Free Childhood，簡稱CCFC，總部在波士頓的一個社運組織）聯手，最後高達兩千封憤怒家長的信，讓麥當勞撤回這個行銷計畫，並同意出錢重印沒有快樂兒童餐廣告的信封。不過，孩子們還是可以拿著成績單，去麥當勞兌換快樂兒童餐[29]。

甚至，還有業者與奶瓶製造商聯手，試圖影響年紀更小的嬰幼兒。一家奶瓶製造商就曾與百事公司簽約，把奶瓶做成汽水瓶形狀；另一家飲料業者胡椒博士（Dr. Pepper），也曾推出奶瓶包裝。一九九七年，一群牙科研究員調查一種叫「奶瓶蛀牙」的症狀，結果發現，高達三分之一的受訪者曾用奶瓶餵孩子汽水，甚至有超過四分之一的受訪者天天都餵孩子喝汽水，特別是非裔及西裔美國人的比率更高。後來由於爭議太大，業者才停止在奶瓶上印汽水公司logo的做法[30]。

英國、紐西蘭及部分中東國家，目前已經立法規範食品業者不得任意向兒童行銷垃圾食物，國際肥胖症研究協會（International Association for the Study of Obesity）也呼籲全世界政府禁止垃圾食物針對兒童做廣告。英國利物浦市議會正在擬議禁止麥當勞和漢堡王等速食店，推出隨兒童餐附贈玩具的做法；而愛爾蘭則已經禁止利用名人和卡通賣食物給兒童[31]。反倒是美國，直到今天仍然有一堆卡通造型的人物，擠在超市走道上向孩子推銷各種高糖食品。

第 4 章

食物政治學

總統、既得利益團體與……每天的麵包

雖然直到今天，跨國食品業者仍牢牢掌握我們的政治人物。
但美國食物正義團體的努力，終於引起人民的關注。

今天，歐巴馬的白宮，有了新的園圃，
國會通過的農業法案，也帶來新的氣象，
越來越多人看見了小農的重要性。

我們必須讓政府理解——
讓人民吃得飽，跟讓人民吃得健康是兩回事；
但照顧孩子吃得健康，跟照顧農民福祉卻是同一件事。

當歐巴馬走上講台，宣布前愛荷華州長湯姆・威薩克（Tom Vilsack）是他的農業部長人選時，食物正義和另類食物團體大失所望。因為他們期待新任的農業部長，能代表一種新的糧食和農業路線。

用剩餘作物、剩餘肉品和乳製品來「餵飽窮人和學童」

美國農業部的前身，是一八六二年林肯總統所成立的農業局，「成立宗旨是為了照顧耕作土地者的福祉。」這是歐巴馬在威薩克的任命記者會上，談到農業部起源的一段話[1]。十九、二十世紀之交，農業部是美國政府第三大部會，僅次於戰爭部和內政部[2]。在「進步時代」期間*，農業部推動了農業生產工業化，到了一九三〇年代和新政（New Deal）期間**，由於美國農業經濟嚴重衰退，小農場紛紛破產，再度尋求政府的介入協助，此時出身愛荷華的新農業部長亨利・華萊士（Henry Wallace）挑起大樑，透過農作物價格補貼、農村電氣化

---

*「進步時代」（Progressive Era）是指美國社會運動和政治改革蓬勃發展的一八九〇至一九二〇年代。

**新政（New Deal）是指一九三三年小羅斯福就任美國總統後所推動的一系列經濟政策。

及振興農村經濟計畫，大幅翻修農業政策，並提高農業部在經濟政策上的重要性[3]。

到了一九五〇年代，以斯拉．塔夫特．班森（Ezra Taft Benson）接掌農業部（數十年後他當上摩門教會總教長），與副手厄爾．巴茲（Earl Butz，後來出任尼克森總統的農業部長）一起帶領美國農業轉型為出口導向、密集使用農藥化肥及大面積耕作，在那之後，農企業、大農場就紛紛出現了。整個一九七〇年代，在巴茲領導下，美國玉米、大豆等作物的產量大爆發，農產品外銷增加，內需市場擴大，食品業不斷推陳出新。

此外，從一九四〇年代末期開始，農業部同時肩負著許多重大計畫，包括食物券計畫、全國學校午餐計畫、婦幼營養補助計畫及緊急食物援助暫行計畫等等，而這些計畫也為大財團帶來龐大的商機，讓他們可以「用剩餘農產品、剩餘肉品和乳製品」來「餵飽窮人和學童」。

Change說得容易，實際上……

然而，儘管農業部的角色如此重要，當美國國會通過威薩克任命案時，並未受到主流媒體的關注。他們都覺得農業部長在美國政壇只是個小角色，不曾想過新官上任的這位部長舉足輕重，能左右美國的社會與經濟政策，包括全球貿易。

歐巴馬二〇〇八年參選總統時，食物正義捍衛者曾寄予厚望，認為他如果當選，可以助「食物正義」運動一臂之力。歐巴馬和妻子蜜雪兒常在競選過程中提倡健康飲食，而歐巴馬的選戰文宣中也把預防保健策略（例如預防垃圾食物和缺少運動所造成的肥胖症）當成主訴求之一。當時歐巴馬接受《時代》雜誌的一篇專訪，還引起食物正義人士的強烈共鳴。「農業所排放的溫室氣體，」歐巴馬說：「實際上比交通工具更多……而且威脅著人們的健康，包括第二型糖尿病、中風和心臟病、肥胖症等問題，都在加重我們的醫療負擔。」[4]

雖然這些話在選前被廣為分享，但實際上歐巴馬的主張並不完全與食物正義陣營相同，例如他支持基改食物，支持以玉米生質燃料為主的綠色經濟政策等等。儘管如此，食物正義及另類食物等團體仍對他「改變」糧食和農業現狀感到樂觀。「食物民主，就是現在」（Food Democracy Now）是愛荷華州一個永續農業和農村倡議團體，他們在網路上散發一份請願書，共獲得七萬五千人連署，其中包括許多社運名人，例如麥可・波倫（Michael Pollan）、艾瑞克・西洛瑟（Eric Schlosser）、瑪莉安・奈索（Marion Nestle）、愛麗絲・華特斯（Alice Waters）及薇諾娜・拉杜克（Winona LaDuke）。請願書被送到歐巴馬交接團隊手上時，還附上一份農業部長人選的建議名單[5]，威薩克不但不在名單上，反而還是他們心目中「最差人選」之一。這是因為威薩克是玉米生質燃料與基改食品的擁護者，有人甚至懷疑他跟農業生技公司孟山都（Monsanto）有關係。

倒是有幾個團體——例如內布拉斯加州的農村事務中心（Center for Rural Affairs）——選擇有條件的支持威薩克，因為歐巴馬曾經說過要制定新政策支持小農，而威薩克也贊成推廣在地食物計畫。也有團體認為，不必把農業部長的任命看得太重要，而是應該繼續由下而上推動改變[6]。問題是：改變是否真的可以由下而上？還是說，威薩克的任命已經傳達出一個信號，顯示根深柢固、遍及全球的食物系統及既得利益者仍然不可撼動？

其實，早在威薩克被任命為農業部長前六個月，美國國會經過冗長的辯論後，就以壓倒性多數通過了一項維持現狀的「二〇〇八年糧食、保育和能源法」。當時，許多團體也曾發起一連串運動，並提出自己的農業法案版本。然而，就和威薩克的任命案一樣，結果也令大家大失所望。所以，我們真的能改變現狀嗎[7]？

食物正義的主戰場：農業法案

「農業法案」（farm bill）是美國聯邦政府最主要的農業與食品政策工具，每五年左右就會重新修訂。最早的農業法案可追溯自「一九三三年農業調整法」。當時，許多美國農場被銀行查封，農作物價格跌到谷底，農民種多少賠多少，農村經濟崩盤，政府透過這個法案介入干預，制定價格、土壤保持等新法規，並推出各種跟食物相關的社會計畫（例如學童午餐津貼）。

到了一九五〇年代，為了消耗過剩的農產品，美國政府積極進軍全球市場，於是催生了「一九五四年農業法案」。依據這項新修訂的法案，政府除了繼續提供農產品價格補貼外，也大力推動「農產品行銷」，同時還試著將農業政策與外交政策結合，制定了「一九五四年農業貿易發展與援助法」——也就是俗稱的「糧食換和平計畫」（Food for Peace），此法案結合了「糧食援助」和「為過剩農產品開發新市場」這兩項任務[8]。不過，當時國務院有不同看法，認為「禁止美國農產品進入蘇聯集團國家，才可以削弱他們的經濟力量」。

問題是，農業部雖然積極對外行銷農產品，卻對美國境內小農逐漸消失、土地所有權被吞併等現狀視若無睹。也正是一九四〇年代末和一九五〇年代這段時期，農業高度工業化的加州首度超越傳統農業大州愛荷華，成為全美最大的農業生產州。同樣在這段時期，美國農場不但自己大量使用各種新化學產品——農藥、殺蟲劑和肥料，還外銷到其他國家，並改變了世界各地的農業生產方式。從這個角度來看，「糧食換和平」其實是一項包藏禍心的外交政策：需要糧食援助的友邦，往往被迫購買美國化肥[9]。

大型「農企業」的概念，最早出現於一九五六年《哈佛商業評論》（*Harvard Business Review*）的一篇文章中，指的是「與農產品的搬運、儲存、加工和經銷有關的一切運作」。該文作者曾任農業部助理部長，他在文中提出，這種「更加垂直整合的新企業」，「可以確保食物種植和生產由市場決定，不再需要靠政府」[10]。到了一九八〇年代，這些農企業就因為使用大量的化學藥品，擴大生產玉米、大豆、稻米、棉花和小麥等作物，而嚴重危害到環境，引起環保團體的強烈不滿並動員修法，要求業者必須做好土壤保持和休耕保育計畫，扶持永續農業。

一九九四年夏天，一個新團體「社區糧食安全聯盟」（Community Food Security Coalition，簡稱 CFSC）加入戰局，期能結合小農場、環保團體、社區、農工、醫界等各方力量，共同解決「低收入、中產階級消費者、家庭農場所面臨的一連串問題，同時加強這些團體之間的連結」。CFSC 形容這個提案是農業法案增訂版，並命名為社區糧食安全授權法（Community Food Security Empowerment Act）[11]。然而，這個立意良好的提案，根本沒有機會實現，因為一九九四年期中選舉，持不同主張的共和黨在紐特．金瑞奇（Newt Gingrich）領導下大獲全勝，讓這項提案胎死腹中。

金瑞奇與共和黨國會議員雖然在一九九六年通過了一項「農業自由化法案」（Freedom to Farm bill），取消部分存在已久的農作物補貼，這個做法其實也符合世界貿易組織的規定，但這些改變從未能有效落實。尤其到了二〇〇二年農業法案通過之後，更已名存實亡，光是一九九五到二〇〇四年之間，總共高達一一二〇億美元的補助款中，八成以上都撥給了五種作物——玉米、稻米、小麥、大豆和棉花。至於反飢餓團體、另類食物團體和小農團體拿到的是微不足道的補助，只能維持或小幅擴充現有的專案或計畫，譬如社區食物專案（Community Food Projects）、在農夫市集使用購物券計畫、強制規定所有肉品和農產品都要標示原產地等等[12]。

二〇〇二年農業法案通過後，另一個嘗試整合食物正義力量的努力，在家樂氏基金會食物暨社會專案（W. K. Kellogg Foundation's Food and Society program）的贊助下再度集結，共成立了四個分組：環境組（著重環境保護和管理）、小農場組（提高農民生存能力）、社區食物/健康和營養組（促進健康食物與健康社區之間的連結）及另類/創新計畫組（探勘新市場），希望能改變下一次農業法案的立法方向[13]。最後，儘管障礙重重，儘管眾多團體之間存在著錯縱複雜的關係，我們仍然可從「二〇〇八年農業法案」看見一些重大改變。其中，有實質上的改變（例如經費增加了），也有象徵意義的改變（代表另類食物運動的實力日漸茁壯）。

此外，二〇〇八年農業法案也是史上第一次，為特產作物（specialty crop）農民提供資金補貼，主要受益者是果農及菜農，食物券的經費也獲得調高。某些新計畫雖然沒有提撥經費，但法案中也展現了推廣意願，例如「從農場到校園」（farm to school）計畫。安迪・費雪（Andy Fisher）是前述家樂氏基金會專案的食物正義領袖之一，他說：「二〇〇八年農業法案，是一道重大的分水嶺。因為那是有史以來第一次，我們看到廣大民眾主動關心一件晦澀難懂的法案。全國各地幾百篇的報紙社論一起呼籲改變農產品現況，就連過去從未表達意見的公共衛生社群也加入討論。」

對費雪及其他食物正義推動者來說，目標似乎比過去更可能實現了。「我認為輿論和公衛團體的關注將會越來越多，最後會改變美國的農業和營養政策。」費雪說。其中，最迫切需要也最令人信服的改變，正是校園食物[14]。

照顧農民的福祉，與照顧孩子的健康，是同一件事！

長期以來，學校飲食一直受到政府高度關注。第一次世界大戰期間，軍方發現竟然有高達三分之一徵召入伍的新兵營養不良，引起社會大眾對學校飲食的討論，並開始為部分學生提供午餐。戰後，隨著一九三〇年代大蕭條來襲，學校午餐計畫擴大辦理，農業部的聯邦剩餘物資救濟協會（Federal Surplus Relief Corporation）被委以重任，負責供應食物給全國各地的學校。

然而，到了二次大戰期間，美國再度發現士兵仍舊普遍營養不良：第一批一百萬名徵兵中，有四〇%因為健康理由無法當兵，其中很多人都是因為營養不良，也讓營養不良再度成為「國家安全議題」。這讓越來越多人支持學校午餐津貼之類的計畫，認為學校午餐必須成為——用杜魯門總統的話來說——「一個應該在每一個社區都落實的永久性計畫」。杜魯門在一九四六年簽署「全國學校午餐法」時，將「我們農民的福祉」與「我們孩子的健康」並列，強調新計畫必須同時兼顧農業和社會福利雙重目標[15]。

學校午餐法通過後，大家都很關心如何分配經費，以及如何真正落實在每一個社區。一份一九六八年的調查發現，低收入學童最多的地區拿到的補助往往最少。當時全美國有五千萬名學童，卻只有一千八百萬名參加學校午餐計畫，其中只有不到二百萬人（低於總數的四%）獲得減免午餐費用。報告進一步指出，有高達九百萬名兒童就讀的學校，沒有供應午餐的設施。

這份報告命名為「他們每天的麵包」（Their Daily Bread），文中也揭露學校的行政人員和官員在執行上有多麼荒腔走板。例如在密西西比州，那些獲得午餐費用減免的學童必須排到隊伍的最後面，等其他付費學生領完午餐後才能輪到他們，這就像過去黑人只准坐巴士後座一樣。在亞利桑納州的圖森市（Tucson），低收入兒童必須先掃完地或洗完廁所，才能領取免費午餐。一位校長告訴研究員：「我不贊成讓孩子們吃免費的午餐。」根據這份報告，許多學校與官員公然展現他們的種族歧視——尤其針對黑人和印第安人。某州的教育局長甚至明言，印第安小孩「髒」、「不誠實」和「蠢」，而另一州的教育局長則抱怨「黑鬼」、「印第安人和白人在同一張桌子吃飯」[16]。

到了一九七〇年代，民間大力推動學校全面提供營養午餐的構想，將健康飲食視為基本人權，希望讓所有兒童都有午餐可吃，不論付不付得起錢。政府也更重視營養目標，推出了「食物金字塔」（food pyramids）等新嘗試[17]。而在大型農企業的眼中，這些新嘗試全都成了新商機，業者在一九七〇年代擴大種植及生產，不僅是為了外銷，更是衝著學校營養午餐的商機而來。

與此同時，許多學校的行政人員注意到：有越來越多自動販賣機進駐校園，源源不斷的提供洋芋片、糖果、汽水給孩子們。自動販賣機最早進入美國校園，是在一九六六年全國學校午餐法修正案通過之後。到了一九七二年，幾乎所有學校都安裝了汽水販賣機，並且強力促銷。一家可口可樂裝瓶廠還大聲疾呼：「糖果、軟性飲料和零食是真實生活的一部分。」認為學校內應該多擺幾台自動販賣機[18]。

可口可樂和百事可樂之類的飲料業者，早就垂涎這個機會已久，他們不只想在學校賣產品，還想把自家品牌灌輸進孩子的小小心靈。於是，這些公司積極和學校洽談合約，鼓勵學校銷售他們的產品（例如讓學校抽成），把學校變成速食和垃圾食物的另一個賣場[19]。以可口可樂為例，就曾跟科羅拉多泉市（Colorado Springs）一間學校達成合作促銷飲料的協議：校長為學生創造接觸可口可樂的機會，老師則被要求准許學生在教室喝可樂。這份協議內容後來被一封機密信函踢爆，發函者是管理合約的學區官員，署名「可樂老兄」[20]。類似協議絕非特例，而是發生在幾乎全美國的每一個學區。

吃得飽，跟「健康」是兩回事

在食物政治的世界裡，「飢餓」一詞向來威力強大，能激起輿論並影響決策。但飢餓是一個語意含糊的概念，怎樣才算飢餓？如何消除飢餓？食物應來自何方？例如，一九三〇年代後期的勞工部勞動統計局（Bureau of Labor Statistics，簡稱BLS）公報指出，大部分家庭「雖然有足夠的食物不至於挨餓，但卻未花足夠的錢取得健康兒童正常發育所需要的食物數量和種類。」BLS分析師不否認飢餓問題確實存在，但就算吃得飽，也不等於能維持良好的健康[21]。

「飢餓」與「糧食生產過剩」這兩個現象並存，在一九三〇年代開始引起關注。當時的經濟學家發現，美國同時出現糧食過剩、失業和貧窮攀升的情況，一方面，等待賑濟食物的隊伍大排長龍；而另一方面，農場主人正苦於生產過剩所導致的價格崩盤，包括小麥和其他主要作物都嚴重生產過剩。這個發現，也成了反飢餓政策的基礎：如何建構一套緊急救濟計畫，盡可能將過剩糧食送到飢民手中，同時又替農民消耗滯銷的農作物並帶來收入[22]。

可惜到了一九五〇年代，反飢餓運動及學校營養午餐之類的計畫，再度被邊緣化。直到一九六〇年總統大選期間，約翰．甘迺迪受到另一位角逐者——明尼蘇達州民主黨參議員修伯特．韓福瑞（Hubert Humphrey）——的挑戰，為了攻下西維吉尼亞州這個民主黨初選的主要戰場，甘迺迪集中火力訴求該州農業社區的飢餓問題，最後藉著升高飢餓議題，甘迺迪不但在西維吉尼亞險勝，也將自己定位為解決貧窮和飢餓的領導人。當選後，甘迺迪於一九六一年一月二十一日下達的第一道總統命令，就是宣布一項新的反飢餓方案，提供「所有貧困家庭更多種類和更大量在地農產品」[23]。

不過，對於究竟該為貧困家庭供應「什麼樣的食物」，始終爭議不斷。一九六七年，由六名醫生組成的團隊在農田基金會（Field Foundation）的贊助下，前往密西西比州農業區展開貧窮及弱勢兒童的啟蒙（Head Start）計畫，後來該醫師團在一場國會聽證會上，報告他們所發現的「瀕臨餓死的飢餓」，造成「令人難以置信」和「駭人聽聞」的健康危機。這段證詞引起媒體大幅報導，公民調查飢餓與營養不良委員會（Citizen's Board of Inquiry Into Hunger and Malnutrition）也主辦了一系列關於飢餓的聽證會，最後促成《CBS報導》拍攝了一部關於飢餓的紀錄片，讓世人看到飢餓和營養不良「影響了數百萬美國人，而且情況一年比一年嚴重」，聯邦食物計畫顯然遺漏了「很大一部分窮人」，未能適時伸出援手拉他們一把[24]。

接下來幾年，政府陸續推出各種補救措施，包括一九七〇年食物券計畫、補強學校早午餐計畫、婦幼營養補助計畫（WIC）等等。這些被採行的計畫，正是民權團體（如「窮人運動」）長期以來的主張，他們認為政府必須改變思維，不該把飢餓和貧窮歸為個人該負的責任，而應該視為社會問題[25]。

在前述第一篇調查報告發表十年之後，農田基金會再度完成了一份調查飢餓盛行程度的報告。新報告認為美國飢餓問題已獲得重大改善，食物券等計畫的推展是主要功臣。

馴服了飢餓，邁向樂觀的下一步

不過，這樣的樂觀未能維持多久，在雷根執政的頭幾年，好幾項計畫的預算遭到刪減。那幾年，雷根政府再度把重點拉回到如何幫助業者消化過剩的農產品，這一回，是讓乳品業者將生產過剩的大量商品（如牛奶和乳酪）納入政府的緊急食物救助計畫之中。一九八三年，雷根政府把緊急食物救助計畫交給非營利組織管理，由民間機構接管，並推出「緊急食物援助暫行計畫」（TEFAP）[26]。隨著 TEFAP 推出，一個全新的反飢餓基礎架構誕生了。一九七九年，十三家食物銀行提供物資給服務飢民的各種流動廚房。經過雷根和老布希前後兩個政府，食物銀行的數目增加近二十倍，一九八三至一九九〇年間，透過 TEFAP 分配的過剩食物高達六十五億磅。一九九〇年國會重新授權 TEFAP 時，乾脆把「暫行」兩字刪除，把計畫改名為「緊急食物援助計畫」[27]。

今天，反飢餓的成效好壞，不是以飢民數目減少或收入差距縮小或貧窮率降低多少來衡量，而是看「緊急食物援助計畫」募得多少食物來衡量。有位食物銀行的經營者形容這種情況是「以磅來計算的成功」——在食物銀行，就算收到的是垃圾食物也是一種成功。珍妮特．波朋黛克（Janet Poppendieck）在她談緊急食物計畫史的著作《甜蜜慈善？》（*Sweet Charity?*）中，引述新罕布夏州一位食物銀行經理的話，他說在八〇%完全可用的捐贈食物中，從營養角度來看只有四分之一值得吃。「其他的四分之三雖然是垃圾食物，但照樣可以吃。對一個飢餓的人而言，就算是一盒普通的蘇打餅乾也很美味。」[28]儘管如此，各種緊急食物援助計畫相繼推出，的確讓更多人取得所需要的食物，波朋黛克稱之為「馴服飢餓」。所幸，有越來越多的中產階級加入慈善和志願的反飢餓行動，彌補了政府鞭長莫及的不足之處。

只不過到了二〇〇〇年以後，隨著人們越來越注意食物品質、飲食和肥胖症，緊急食物援助團體也陷入了兩難，懷疑自己是否成了肥胖問題的幫凶，助長了一個不公平又失靈的食物系統？他們的努力，到底算不算實現了「食物正義」？

不過，今天的食物正義社群倒是出現了截然不同的樂觀氛圍。支持者的電子郵件與部落格文章從四面八方湧來，這跟威薩克剛被任命為農業部長時比起來，簡直有了一百八十度的轉變。食物正義社群看見了更有前景的好幾處希望之火：媒體開始關注要如何做，才能讓學校餐廳買到健康的在地食物；原本在小布希時代被刪減的特產作物（健康蔬果）補助計畫，如今恢復了；越來越多人支持小農，反對補貼大農場；白宮雇用了一位出身自在地食物運動

第5章

中國的蒜頭，美國的洋芋片

食物全球化，有什麼問題？

面對全球化的食物鏈，

我們必須讓每一個國家的政府理解——

食物不是一般商品，而是一種基本人權。

國家必須尊重提供食物的人，支持在地食物，支持地方對土地、水、種子的控制權，

建立在地知識和技術，與大自然合作。

上述權利必須納入國家憲法，並透過立法來落實。目前至少有七個國家——馬利、塞內加爾、厄瓜多爾、委內瑞拉、玻利維亞、尼加拉瓜和尼泊爾——積極響應，有的國家將糧食主權入憲，有些則制定了相關的國家政策。

別誤會，我們不反對全球化，更不反對全球貿易，

我們主張全球貿易必須重視人民的食物權，

必須保障人民有安全、健康且符合永續生態的食物生產權。

十萬八千多人湧進加州中央谷地有「世界蒜頭之都」的小鎮吉爾羅伊（Gilroy），慶祝第三十一屆蒜頭節。這個活動，一如既往，是個多采多姿的盛會，有蒜頭偶像飆歌賽（有一年獎品是一千加侖汽油）、蒜頭節廚藝大車拚（二〇〇九年勝選作品是香蒜奶油餅乾），或吉爾羅伊蒜頭小姐粉絲見面會。這個節慶發想於一九七〇年代末，為了宣傳吉爾羅伊在蒜頭生產上的重要角色，後來也成為吉爾羅伊鎮成名的原因[1]。

「蒜頭之都」名存實亡，只好改行當「觀光勝地」

吉爾羅伊是一個小而密集的社區，人口略少於五萬人，包括很多拉丁美洲裔居民。多年來，吉爾羅伊的蒜頭之都一直都是實至名歸，因為幾乎所有運往美國各地的蒜頭都來自此地，並保持世界蒜頭銷售的領先地位。吉爾羅伊享此盛譽，不是因為蒜頭的區域性質，也不是中央谷地的文化傳統，而是因為它的產能，源自專為全國和外銷市場打造的工業化農業經營手法。

蒜頭在美國，不像香檳對法國或香米對泰國——深嵌在母國文化和日常生活之中。蒜頭的原產地在中亞，一七〇〇年代才引進美國，很多美國人都將蒜頭視為一種「外來食材」[2]。

二次大戰後，蒜頭才普遍用於美國料理，並開始被視為在地食材。

一九九〇年代中期以後，吉爾羅伊和中央谷地的蒜頭生產者開始面對來自**中國蒜頭**的競爭。雖然吉爾羅伊的業者反覆強調中國蒜頭是次級品，美國加州蒜頭才夠味，令人齒頰留香，但照樣無法阻止中國蒜頭的入侵。今天，中國成了美國最大的蒜頭進口國。為了因應來自中國蒜頭的挑戰，加州蒜農說服國會在一九九四年通過立法，大幅提高中國蒜頭的進口關稅到三七六%。這一招果然奏效，短短一年內中國蒜頭幾乎完全絕跡於美國市場。吉爾羅伊則繼續它的蒜頭節傳統，維持它的生產和外銷領先地位[3]。

但好景不常。沒多久美國政府修訂關稅，有條件地重新開放中國蒜頭進入美國市場：中國業者只要預付一筆保證金，就可以在美國賣蒜頭（如果該公司被發現以低於成本價非法傾銷蒜頭，保證金就會被沒收）。這項修正案為中國蒜頭出口公司大開方便之門，就算被控非法傾銷，這些業者有時直接宣告破產，有時僅僅換個名字和地址變成一家新的公司，照常營業。二〇〇四年，美國人所吃的蒜頭，有將近一半來自中國。

廉價的中國蒜頭搶走的不只是美國本土的生意，加州蒜農在其他國家的銷售也被中國搶走大半。吉爾羅伊的產量節節敗退，有些蒜農被迫停產或大幅減少農地面積。儘管如此，每年仍有成千上萬的遊客湧入這個小鎮，聽蒜頭偶像飆歌。對當前的吉爾羅伊來說，只能被稱為「世界蒜頭節之都」，「蒜頭生產龍頭」早已名存實亡[4]。

用中國人種的馬鈴薯，做美國人愛吃的洋芋片

若說蒜頭是一種「賣到全世界的中國農產品」，那麼洋芋片就是一種「賣到中國的全球化產品」，說的同樣都是食物全球化的故事。

過去，洋芋片的銷售範圍很有限，主要是因為保存期限短又容易碎裂。這種情況一直到二次大戰後才開始改變，一九六一年，當時美國境內兩家最大的洋芋片廠商——一家是美國西南部的菲多（Frito），另一家是位於東南部的樂事（Lay）——合併為菲多利公司，沒多久又在一九六五年被百事可樂（更名為百事公司）購併。接下來幾十年，菲多利一步步控制美國洋芋片市場，大手筆行銷並「狂熱保護自己的市場優勢」。二〇〇四年的一篇文章指出，菲多利及其對手（例如擁有品客洋芋片的寶僑公司）之所以能夠攻下全球市場，靠的正是品牌行銷策略和產品差異化（譬如菲多利的清涼檸檬洋芋片，在洋芋片上撒一點萊姆粒和薄荷，就營造出涼爽氣候的聯想）[5]。

隨著百事公司走向全球化，旗下的洋芋片產品也成了重要的金雞母，也是用來抗衡可口

可樂的武器。不過，百事公司的洋芋片在進入中國市場初期，其實並不順利。例如一開始時，為了保護國內農民，中國政府禁止美國的馬鈴薯進口，但中國的馬鈴薯又落差太大（包括高度依賴人工種植，品種也不一樣），不符合菲多利的生產要求。因此，當菲多利打算在中國賣洋芋片時，就必須考慮在地生產[6]，而百事公司也必須投資中國的馬鈴薯農場，擴大產量來適應中國的生產線需求。不過，隨著洋芋片市場越來越大，百事公司也在短短幾年內成了中國最大的民營馬鈴薯農產公司。

「百事本來不是一家農業公司，但為了開拓中國市場，不得不踏入這個新領域。」二〇〇五年十二月百事公司一位營運主管告訴《華爾街日報》[7]。

在打造洋芋片供應鏈的過程中，百事公司吃盡苦頭，但也贏得重大突破，幫助該企業在全球食品爭霸戰中追上可口可樂。雖然百事不斷訴求「在地化」，用力宣傳用中國馬鈴薯來製造「中國」產品（甚至替中國顧客開發出綠茶口味洋芋片），但其實這種源自西方的產品還是改變了中國人的飲食[8]。

就在百事公司進軍中國的同一時期，全球食品業也有了翻天覆地的變化。一九六〇年代之前，美國和歐洲食品業者靠著掌控特定農作物，取得了全球食品業的支配地位。到了一九七〇年代，這種手法不再奏效，取而代之的是一種更複雜的供應鏈——不同的農產品供應商，在全球不同地點供應不同原料，讓不同的食品業者為不同的市場推出產品。這套供應鏈在美歐市場運作得非常成功，但在中國（以及其他新興國家）的成效卻不是很好，因此有些公司只好自己在這些新興市場打造更能掌控的供應鏈。對中國和吉爾羅伊來說，這些變化象徵著全球食物供應系統的失靈。當人們不再關心也無法獲知食物究竟在哪裡生產，要賣到哪裡去，被犧牲的就是那些倒閉的農場，還有無人聞問的可憐農工。

黑米及香蕉共和國，食物全球化的血淚史

自二次大戰以來，整個食物生產的流程——從種植、製造、運銷與零售、行銷與消費——都受到全球化的影響。我們可以從這個全球化流程中看到許多關於食物正義的議題，例如食品安全、農村經濟崩壞、勞工權益受損、垃圾食物氾濫、在地飲食文化被侵蝕等等。我們也可以從不同角度來觀察食物全球化的程度，例如全球農產品的貿易和投資金額增加、食物從農場到餐桌的運輸距離拉長、工業化農場暴增等等。

但事實上，食物全球化並不是什麼新現象。食物（例如香料）的全球貿易可以回溯到十五世紀，歐洲商人及農場主常會把特殊作物帶到殖民地種植，在改變當地的農耕與飲食之

外，種出來的作物還會銷回歐洲。例如，英國人把可可帶到英國在西非的殖民地迦納，結果讓這種中美洲的原生植物成了西非農產品。糧食及社會學家哈麗葉・佛里德曼（Harriet Friedmann）指出，這種殖民主義食物的例子很多，例如西班牙人把亞洲的香蕉帶到中美洲，把甘蔗帶到古巴等等[9]。茱蒂斯・卡尼（Judith Carney）的著作《黑米》（*Black Rice*）指出，十七世紀美國的農村不只役使奴隸，也同時引進奴隸從西非帶來的新技術。來自西非、熟悉稻米濕地農法的奴隸們，改變了南卡羅來納州的種稻方法。卡尼寫道：「一旦我們理解奴隸在引進和改造穀物上的貢獻，就打破了過去貶低奴隸的刻板印象。」[10]

到了二十世紀，種植及出口食物類產品（比如瓜地馬拉的香蕉、夏威夷的鳳梨或古巴的蔗糖）的大權，轉而落入聯合果品（United Fruit）和都樂（Dole）這類的大型跨國食品公司手中。這些公司，都有美國政府在背後撐腰。以聯合果品為例，它是二十世紀初期和中期食物全球化的代表，創立於一八九九年，很快就成為全球香蕉貿易巨人，在食品業的地位相當於工業界的標準石油或福特汽車。在宏都拉斯、巴拿馬和瓜地馬拉等香蕉產國，這家公司被當地人形容為El Pulpo（八爪章魚），意味著該公司的影響力有多麼無遠弗屆，後來甚至有人用「香蕉共和國」來形容它的富可敵國[11]。

聯合果品的手也伸入當地的政治，例如反對瓜地馬拉的改革派政治人物、前總統胡安・

何塞·阿雷瓦洛（Juan José Arévalo）和他的繼任者哈科沃·阿本斯·古斯曼（Jacobo Arbenz Guzmán），後者於一九五四年被美國中情局煽動的政變推翻。雖然聯合果品否認介入政變，但其左右當地經濟的實力是毋庸置疑的。一九五五年，美國司法部對聯合果品提起反托拉斯訴訟，但尚不足以撼動聯合果品的地位，最後讓該公司走向衰退的，是全球食品市場的變化，其中包括食品加工業的成長搶走了大片市場。最後，這尾八爪章魚終於不敵新一波的全球食品業者[12]。

一九五〇年代，食品產業深受兩個因素影響：一是綠色革命，一是歐美食品業的出口快速成長。首先，「綠色革命」在洛克斐勒基金會（Rockefeller Foundation）等主要參與者的推動及美國政府援外政策的支持下，大量向開發中國家輸出工業化農業的生產模式，包括投入大量的農藥、化肥及雜交種子等。他們以「提高生產力」為名，企圖將開發中國家的農業轉型為單一作物耕作模式，譬如在菲律賓和印度推廣種水稻。由於轉型需要更多資本，設備也必須從美國進口，一般小農根本無力負擔，只有財力雄厚的財團才能嘗到甜頭。其次，就在同一時期，美國的食品政策也獎勵美國食品業出口，大量將各種食品賣到新興國家[13]。

就像蒜頭和洋芋片的故事所述，這些變化來得既快且大，改寫了全球食物流動的結構和規模。對美國及世界各地的其他國家來說，全球食物外銷日益影響著要種什麼食物、在哪裡種、如何種、為誰而種的決定。

以「多國本土化、全球在地化」之名，毀了無數小農生計

直到二十世紀初，美國商品如小麥、麵粉、棉花和菸草的出口，是美國經濟發展的重要驅動力，借用美國農業部分析師約翰・康諾（John M. Connor）與威廉・薛克（William Schieck）的話來說，就是：「對國家資本的形成，貢獻良多。」但自一九二〇年代起到一九六〇年代初，雖然美國像聯合果品一類的食品公司生意擴及全球，但美國本身卻一直是食品進口超過出口的國家。後來透過積極推動出口（包括前一章談到的糧食援助計畫），才順利將生產過剩的農產品外銷到其他國家，並打造出一個新的「全球食物系統」[14]。

這個全新的全球食物系統時代，是一個出口導向的時代。不管是農業生產者、農藥製造商、食品零售商、連鎖速食餐廳或食品製造商，全都在多元性的全球市場攻城掠地。他們改變口味，創造新的食物偏好，把食物變成全球性的商品。在此同時，食物生產和運銷成了多面向的全球事業，從供應鏈、農產品到食品零售，都在先進國家與開發中國家之間雙向流動——美國人的晚餐裡有中國蒜頭，中國消費者吃美國食品公司用中國栽種的馬鈴薯製造的

洋芋片[15]。

後來，隨著這個食物系統不斷演化，全球化的食品業者不再把同樣的食品賣到不同的市場；相反的，他們逐漸學會標榜在地特質來討好市場，例如採購一些在地原料或聘用在地人為分公司負責人。這種策略叫做「多國本土化」（multidomestic）或「全球在地化」（glocalization），例如麥當勞法國分公司的總裁就自稱他管理的是一家「多國本土化」公司，而不是「跨國企業」。

演化中的全球食物系統也受到國際和雙邊貿易協定的發展影響，尤其是一九八〇年代關稅暨貿易總協定（General Agreement on Tariffs and Trade）簽訂之後。然而，貿易自由化雖然有助於食品業者擴張至新的外國市場，但也造成許多開發中國家的農產品失去了政府的補貼[16]。其中，由美國、墨西哥和加拿大三國簽訂的北美自由貿易協定（North American Free Trade Agreement，簡稱 NAFTA），就對墨西哥農業帶來嚴重傷害。因為 NAFTA 簽訂後，墨西哥小農突然發現自己必須與來自美國、獲得美國政府大手筆補貼的廉價農產品競爭。以玉米來說，在 NAFTA 簽署前，美國玉米在墨西哥市場的市占率只有二％，簽署後提高為二五％，而在 NAFTA 通過一年之內，墨西哥玉米及其他基本穀物的產量就減少了五〇％。這讓許多農場撐不下去，兩百萬人頓失所靠。雖然墨西哥也有農產品輸入美國，但受惠的往往是財力雄厚的大型農場所種的番茄等作物。

此外，NAFTA的簽訂也讓美國的全球化食品零售業者——如沃爾瑪和百勝餐飲集團，長驅直入墨西哥食物市場。例如，百勝餐飲集團旗下專賣玉米餅的塔可鐘，就在墨西哥到處開店。而拜NAFTA簽訂所賜，墨西哥政府在一九九九年一月減少對國產玉米餅（tortillas，墨西哥人的主食）價格補貼，這讓無數小型的玉米餅家庭工廠和他們使用了幾百年的傳統烙餅手藝生存不下去，讓大型集團——比如墨西哥企業集團GRUMA，全球四大糧商之一的阿徹丹尼爾斯米德蘭公司（Archer Daniels Midland）擁有二五%股權——趁勢而起，最後控制該國七〇%的玉米餅市場[17]。

類似的產業崩壞不斷在發展中國家上演，導致農村逐漸凋零，食物價格飆漲。就像墨西哥，現在農民為了拚外銷，被迫放棄多年來為自己國人栽種的食物，改種能賣到外國的農產品。而來自世界各地的食品（如樂事洋芋片），則取代了當地的傳統食品（如玉米餅）。「在地農業與在地料理之間淵遠流長的連結，已經被遠在其他國家的消費需求所取代了。」哈麗葉．佛里德曼說：「一個地方盛產什麼農作物，不再等於當地人愛吃，而是代表著那些農作物的生產對跨國企業的營運最有利。」[18]

瘦瘦的模特兒，促銷讓你吃了胖胖的食品

全球連鎖食品零售商對開發中國家快速又全面的滲透，改寫了這些國家（尤其是那些迅速擴張的都市）的食品供應鏈，也改變了人們能取得的食物種類。二〇〇七年全球食品零售業的年營業額超過四兆美元，其中超市與大賣場占比最高，最大的十五家超市，其營業額占所有超市總營業額的三成以上、占大賣場營業總額七成以上。以拉丁美洲為例，「在全球化的十年內，」二〇〇二年《發展政策評論》（*Development Policy Review*）一篇文章指出：「拉丁美洲零售業改變的幅度，相當於美國零售業花了五十年才達到的程度。」[19]

在墨西哥，沃爾瑪的墨西哥分公司（也稱沃爾墨，Walmart de Mexico 或 Wal-Mex），是該國最大的零售商，擁有一千兩百多間超市，包括二百四十個購物廣場和山姆會社（Sam's Club）倉儲式賣場。沃爾瑪的第一家墨西哥購物廣場於一九九三年開幕，是當時沃爾瑪的全球最大賣場，占地二十四萬四千平方英尺。店門口有一間麥當勞，開幕當天有「穿著清涼的辣妹」迎接購物者。此後，沃爾瑪變成墨西哥最大的企業，在二一〇個城市雇用十七萬名員工，其中大部分的店都開在墨西哥市。沃爾瑪特別擅長利用墨西哥政府的補貼計畫去找到它的目標客群，譬如低收入家庭和公務員[20]。

拜沃爾瑪所賜，知名品牌的垃圾食物銷量也暴增，各種洋芋片（百事公司旗下的樂事和奇多產品，占墨西哥零食市場八成以上）和汽水飲料（包括無所不在的可口可樂，墨西哥人均可樂消耗量已超越美國）的熱賣，終於引起人民對NAFTA的憤怒，紛紛到沃爾墨前抗議，他們衝進超市抓起洋芋片包高高舉起，反覆呼喊「團結的人民永遠打不倒！」和「別吃這垃圾！」[21]

同時崛起的，還有知名的便利商店。例如領先業界的連鎖超商Oxxo（母公司是Femsa，拉丁美洲最大的可樂裝瓶和釀造公司），一九九九至二〇〇四年間的店面數量暴增三倍。同一時期，7-11的店數也增加兩倍，到了二〇〇五年的總店數超過五千家，年營收超過二十五億美元。就跟超市一樣，便利商店也帶動了洋芋片和汽水等垃圾食物的銷量，讓墨西哥人的身材、肥胖症和飲食相關疾病都跟著惡化。二〇〇六年墨西哥全國健康與營養調查顯示，七〇%的墨西哥成年人口不是過重就是肥胖[22]。

日本人面黃肌瘦，是因為……不吃麥當勞？

跨國食品業者坐大，改變了人們的飲食習慣，引發全球對體重增加和肥胖症惡化的關切。二〇〇四年，聯合國糧食與農業組織開始用「全球肥胖症」（globesity）來形容這個現象，因為全球體重過重的成年人數已經超過了體重過低的成年人數。矛盾的是，在此同時全球處於飢餓狀態的人數卻不減反增，超過十億人。今天，世界衛生組織已經把肥胖症列為引發糖尿病和心臟病並致死的主要原因之一[23]。

速食業越是蓬勃發展的國家，肥胖問題越是嚴重。速食進入亞洲市場（特別是日本和中國）的過程，是一個有趣和複雜的故事，讓我們看到亞洲人如何因為速食的出現而改變飲食、帶來什麼後果，以及為什麼失控。

麥當勞於一九七〇年代進入日本，負責開拓市場的藤田田（Den Fijita）居功厥偉。首先，牛肉漢堡和薯條等麥當勞的主要商品，其實跟日本人的主食（魚和米飯）天差地別，但精明的藤田說，很多日本人之所以面黃肌瘦，都是因為吃日本食物造成的；如果改吃以牛肉為主的食物如麥當勞餐，不但會長得更高更強壯，還會長出金髮。其次，藤田看出麥當勞製作和銷售食物的模式——簡明的菜單、管理的效率、乾淨明亮的店面等，是重要的賣點。一九八〇年代起，麥當勞在日本快速擴張，也促成日本人改變飲食習慣，根據藤田自己所做的調查，日本家庭米飯的消耗量大減，改吃肉食者增加。二〇〇七年麥當勞日本分公司推出「超大」產品線，包括由兩片豬肉餅、照燒醬和甜檸檬美乃滋組合的超大照燒漢堡，及三片芝麻麵包夾四片牛肉餅、起司、醬料的超大麥克，兩個巨無霸漢堡總共提供一六五七大卡的熱量和一一〇．二克的脂肪。到了二〇〇九年，這家速食業巨擘已在日本開了三七五〇多間店，超大產品線是重要功臣之一[24]。

至於中國，西式速食業始於一九八七年肯德基炸雞開的第一家店，地點就在天安門廣場附近的毛澤東紀念堂旁邊。雖然頭幾年擴張相對緩慢，但到了二〇〇〇年肯德基已大獲成功，公司預期中國將占該公司全球營收的五〇％或更高[25]。麥當勞在中國的成績也不遑多讓，一九九〇年在深圳開了第一間店，一九九二年北京店開張。北京店設有七百個座位和二十九台收銀機，是當時全世界規模最大的麥當勞店，開幕當天蔚為速食界奇蹟，一天湧進了四萬名顧客。

麥當勞、肯德基等速食業者發現，中國市場與美國市場大大不同。美國人重視出餐速度、成本和口味，而中國人則更重視美式外觀和感覺。「在北京，出餐快不是重點，」中國速食分析師閻雲翔寫道：「歡樂、舒適、有空調設備的用餐環境，才是讓許多顧客逗留不去的原因。」諷刺的是，速食業者在中國所強調的訴求，居然是「食物的新鮮度、純淨度和營養價值」[26]。

不出所料，過重和肥胖率的問題也隨之而來，從速食業登陸中國之前趨近於零，增加到二〇〇八年的二五%，而這個數字在未來二十年可能再翻一倍。肥胖率激增造成巨大的健康和經濟代價，研究肥胖症的權威巴瑞．鮑勃金（Barry Bopkin）指出，肥胖和不良飲食讓高血壓、中風、成年型糖尿病大幅增加，已對醫療體系造成壓力[27]。

速食業改變的不只是飲食習慣，也衝擊了勞動市場。歐盟的調查警告，速食業加速了歐洲傳統飲食文化改變的進程，「工業化大量生產的食品，逐漸取代了注重手藝的食物料理方式」，導致「低技能、低工資、高兼差及高流動率」[28]。

人民應有安全、健康和永續的「食物生產權」

一九七二年，瓜地馬拉一群喀克其奎系馬雅族（Kaqchikel Mayan）農夫，發起一個在地農業生態合作社（agroecological cooperative）計畫，取名為Kato-Ki（喀克其奎語的「守望相助」）。剛開始，計畫頗成功，參與的農民收穫量提高，家庭收入增加，土地保育也做得不錯。後來，Kato-Ki合作社開始收購咖啡園，重新分配土地給合作社成員。

但這種「來自底層的土地改革」行動，很快就引起大咖啡園主（他們有瓜地馬拉軍隊做靠山）的不滿，據農業生態學艾瑞克．侯特—吉門茲（Eric Holt-Giménez）所述，Kato-Ki合作社和所屬成員被軍方指控為共產黨員，瓜地馬拉軍隊企圖「做掉」（disappear）他們，讓這些農民棄田逃亡。「經過十年的耐心訓練、費盡心思的組織及千辛萬苦的工作，」侯特—吉門茲說：「奇馬特南戈省〔Chimaltenango，Kato-Ki合作社所在地〕的奇蹟化為烏有。」[29]儘管功虧一簣，Kato-Ki的經驗卻代表了一種新的農民運動。該事件後約二十年，誕生了另一個充滿活力的農民團體，他們訴求的是**糧食主權**（food sovereignty），並串聯美國和加拿大等國家的農民團體，一起高喊：「我們不會被做掉！」[30]

一九九二年，來自中美洲、加勒比海、歐洲、加拿大和美國的八個不同農業組織的代表，聚集在尼加拉瓜的首都馬拿瓜市，討論如何成立一個新的全球組織。次年，這群人再度聚首，共同簽署了馬拿瓜宣言（Managua Declaration），正式成立了一個國際性的小農運動網絡「農民之路」（La Vía Campesina）。這個網絡的核心概念就是糧食主權，也就是「每一個國家有權維持並發展自己生產基本食物的能力，尊重在地的飲食文化和產能」，以及「人民有權定義自己的農業和糧食政策」[31]。

接下來十年，包括聯合國及其他非營利機構也紛紛支持糧食主權的概念。約瑟．博韋和他的農民聯盟，正是糧食主權的早期捍衛者，還有其他團體如巴西無地農民運動（Brazilian Landless Workers' Movement）及南韓和哥斯大黎加等國的農民組織，也提出相似的主張。到了二〇〇八年，共有來自五十六個國家的一百四十九個組織加入了農民之路網絡。

糧食主權團體要挑戰的對象，包括許多全球性組織，例如世界貿易組織（WTO），還有那些破壞國家糧食主權的貿易協定。糧食主權捍衛者表示：「我們主張糧食主權，但不否定貿易，而是認為貿易政策必須重視人民的食物權，保障人民有安全、健康和符合永續生態的食物生產權。」為了避免被貼上「反全球」標籤和被批評為提不出替代方案，博韋等行動主義者及其他糧食主權捍衛者，把自己定位為「另類全球化」（alternatively global）[32]。

一九九九年WTO西雅圖會議期間，許多年輕的反全球化團體第一次接觸農民之路。二〇〇二年世界糧食高峰會（World Food Summit）在羅馬召開時，農民之路發表了一份宣言，主張「生產和使用土地的權利；糧食主權；一個沒有飢餓的未來」，還在宣言上附贈一小包種子。據加拿大農民之路記述者安妮特·奧瑞莉·德馬雷斯（Annette Aurélie Desmarais）的報導，該團體後來運送「好幾卡車泥土進城，堆成一小塊田，讓來自世界不同地區的農人、原住民，一起進行象徵性的播種行動」[33]。

到了二〇〇七年，來自世界各地的農民、漁民和原住民聚集在西非國家馬利的首都巴馬科（Barnako）城外，在這場研討會中，糧食主權捍衛者拍板定案他們所稱的糧食主權六大支柱，確定了下述綱領：食物是基本人權（食物不是一般商品）；尊重提供食物的人；支持在地食物；支持地方對土地、水及種子的控制權（這些資源不應私有化）；建立在地知識和技術；透過類似 Kato-Ki 所採用的農業生態策略，與大自然合作[34]。這場會議特別強調食物是基本人權，並強烈主張以上這些權利都必須納入國家憲法，透過立法來落實。到了二〇〇九年，糧食主權的概念獲得七個國家（馬利、塞內加爾、厄瓜多爾、委內瑞拉、玻利維亞、尼加拉瓜和尼泊爾）的積極響應，有的國家將糧食主權入憲，有些則制定了相關的國家政策。

莎蒂．玻里格特（Sadie Beauregard）在她研究上述七國糧食主權發展的報告中指出，農民組織扮演著重要的推手角色。其中，最早採取行動的國家是委內瑞拉（一九九九年），其次是塞內加爾（二〇〇四年），接下來是馬利（二〇〇六年）。至於尼泊爾、厄瓜多爾和玻利維亞則對某些政策仍拿不定主意，譬如是否該引進基改食物等等，但仍決定朝著這個方向邁進。

反倒是在美國，一開始糧食主權沒有受到應有的重視，只有幾個團體加入農民之路，其中包括：全國家庭農場聯盟（National Family Farm Coalition），這是最早的糧食主權參與者之一；糧食優先暨農業與貿易政策學會（Food First and the Institute for Agriculture and Trade Policy），出版過幾本談糧食主權的刊物，推廣這個概念；國際草根組織（Grassroots International），所屬的時事通訊會提供關於農民之路的活動消息；以及社區糧食安全聯盟（CFSC）

也開始積極提倡糧食主權，並將之納入該聯盟的訴求之一[35]。

直到近幾年，美國食物正義運動才逐漸抬頭。一九九七年，在第一屆CFSC的年度會議中，加拿大食物運動領導者洛德・麥克瑞（Rod MacRae）被任命為CFSC理事長，並成立了一個國際聯繫委員會，增加了糧食主權的能見度。二〇〇六年CFSC年會在加拿大溫哥華舉行，加拿大糧食安全（Food Secure Canada/Sécurité alimentaire Canada，CFSC的加拿大對應組織）派出大批代表與會，在多場會議上強調糧食主權的重要性，此外還有來自墨西哥、加拿大和美國農民之路的代表出席，振奮了當時的與會人士。二〇〇九年十月，CFSC年會在愛荷華州舉行，農民之路獲得該組織頒發第一座糧食主權獎[36]。

Part II　食物正義行動與策略

第6章

讓有正義感的農民活下去

行動，從正視「種植正義」開始

過去，我們目睹了工業如何取代農業，成為許多城市最主要的經濟活動。
但今天，我們可以看到沒落中的工業城，靠著轉戰傳統農業復活。

過去，我們只顧餐桌上的食物好不好吃，
但今天，越來越多人關心農場上的工人過得好不好。

過去，生產食物是農村的任務，
但今天，越來越多人在城市裡當起了農夫。

過去，人們只能投資企業，當企業股東、領取股利，
但今天，越來越多人可以投資小農，當農地主人，領取好食物。

在麻薩諸塞州西部的康乃狄克河谷裡，有一個城市叫霍利奧克（Holyoke）。這裡是麻州最窮的城市，超過四分之一的人口生活在貧窮線以下，但這裡也是全美國最有活力的食物正義組織──「我們的根」（Nuestras Raíces）所在地。

一座瀕死的紙城，如何華麗轉身

霍利奧克原本是一座工業城，素有「紙城」（Paper City）之稱，紙廠裡有大量來自愛爾蘭、加拿大和波蘭的新移民。一九六〇年代之後，波多黎各人也來到此地找工作。那些早些年來的移民此時已經存了些錢，有能力搬到環境較好的山上，而原本位於工廠附近的老舊廉價公寓，就留給了新來的波多黎各移民。

不料就在這段時期，造紙業開始外移，先是遷到無工會、勞工更便宜的南部各州，後來乾脆遷廠到南半球的開發中國家。霍利奧克的工作機會不再，淪為一個日漸蕭條的美國城市。對那些波多黎各新移民來說，不僅工作難找、三餐不濟，還得面對充斥著犯罪、毒品和暴力的居住環境[1]。

但霍利奧克的情況並非全然無望。這裡擁有全麻州最肥沃的土壤，而且很多新近移入的波多黎各人，原本就是在家鄉的家庭農場工作，在自家後院種植酪梨、香蕉和芒果，並將部分產出拿到村落市集出售。他們擅長栽種食物，也知道如何把一片原本荒涼、閒置的土地，變成適於生長食物的地方。一九九二年，在一名大學生的協助下，幾名波多黎各人清出一塊廢棄教堂所在的土地，改造成 La Finquita 社區小農場。

這就是「我們的根」的發源地。起初，「我們的根」只能提供一個非正式的地方，供居民聚會和種植蔬果。不久，又開闢了兩處園地，分別設立了向日葵農園（El Jardín de los Girasoles）以及石頭農園（El Jardín de la Roca，名稱得自早先蓋在這塊地上一棟五層樓房的殘留地基）[2]。

一九九五年，丹尼爾．羅斯（Daniel Ross）受聘擔任執行長，次年這個團體成功申請到美國農業部社區糧食專案（Community Food Project）第一批補助款，從而提高了產能，並推出旗艦計畫「農園中心」（Centro Agricola）。在農園中心裡，有一間溫室、一個廣場、一間餐廳、一個共用的商用廚房、一間「我們的根」辦公室、一間會議室，以及一座雙語圖書館（藏書都跟健康和農業有關）。廣場蓋好後，他們種上花草樹木美化環境，還彩繪壁畫裝飾建築。農園中心對「我們的根」這個組織幫助極大，有好幾百名志工，也成了社區的驕傲[3]。

產能增加之後，該組織開始朝幾個新方向發展，成了食物正義、環境正義及社會與經濟正義的推動者。今天，在該組織占地三十英畝的農民訓練營裡，有十八名新手農民接受訓練，他們將會獲得使用土地、共有資源、小額貸款，以及到市集出售產品的機會。這個園地也是小型企業的育成中心，共有四種與農業或食物相關的生意：一家農場商店、一家烤豬作坊、一間溫室和一座西班牙小踏步馬（Paso Fino）馬廄，另外還有一片空地讓社區居民聚會及舉行文化節慶和活動。

隨著名氣越來越大，其他城市也來詢問該組織的成功之道，試圖複製或學習。於是，「我們的根」決定擴編培訓和諮詢部門，協助麻州和新英格蘭其他社區。透過參與地方及州級的政策，以及善用組織工作內容的交叉性，「我們的根」讓健康機構、環保團體、社區經濟發展單位、土地信託、青少年組織看到，以社區為主的食物事業可以是一套很好的經濟發展工具。「我們的根」證明，就算是在城市中被剝奪權利的族群（例如這裡的波多黎各居民）、長期被唱衰的環境，藉著創造另類種植和生產食物的方法，仍然可能重建起來。

明明是「工業」，卻躲在「農場」的假面具背後

食物正義的推動，有賴於農工們的起義。農工起義在美國有悠久的歷史，最早可追溯到

一八八四年由華裔農工發動的第一次農地罷工，接著是一九〇二年和一九〇三年的罷工，由甜菜田裡的日本雇農與墨西哥農工聯合發動。在這場罷工期間，農工們曾組織過一個工會，但是當時的美國勞工聯盟（American Federation of Labor，簡稱ＡＦＬ）主席山繆・龔帕斯（Samuel Gompers）不予認可，工會也因此瓦解。

但要論最廣為人知的一場罷工，則是世界產業工會（Industrial Workers of the World，簡稱ＩＷＷ）的摘啤酒花工人發動的，地點是加州麥田鎮（Wheatland）的德斯特農場（Durst Ranch）。為了壓低工資，德斯特農場不斷招募流動工人，並提供最糟糕的衛生和工作條件。一九一三年，德斯特農場找來副警長攻擊ＩＷＷ舉辦的集會，造成數人死亡，史稱「麥田鎮啤酒花暴動」。雖然後來ＩＷＷ領導幹部被判罪，但也間接促成了加州設立移民與住宅委員會（California Commission on Immigration and Housing，簡稱CCIH），這是第一個關心農工狀況的政府部門[4]。

加州幾個重要的農業重鎮，包括洛杉磯郡和帝王郡（Imperial County）等，大約在一九三〇年代初期開始有農工籌組工會。很多工會都受到共產黨的影響，比如農業工人產業聯盟（Agricultural Workers' Industrial League）、製罐業與農業工人產業工會（Cannery and Agricultural Workers' Industrial Union）等。這段期間，罷工事件頻傳，被稱為「飛行哨兵」（flying pickets）的流動工人從一個罷工現場到另一個罷工現場紮營，要求雇主改善工作條件，並爭取成立工會的權利。這些組織者的矛頭指向大農（大面積種植者），也就是那些工業化農業的既得利益者。經濟學家唐・米歇爾（Don Mitchell）表示：「有能力的農工組成聯合戰線，威脅到加州地主和產業利益。」

一九三八年的選舉，一批進步派人士拿下了加州的執政權（包括一位新州長），為加州注入一股新力量，從而鼓舞了CCIH和其新任首長凱瑞・麥克威廉斯（Carey McWilliams）開始去記錄農地的工作情況。麥克威廉斯的著作《田間工廠》（*Factories in the Field*），以及保羅・泰勒（Paul Tylor）等人的突破性調查，深入揭露農場的實際情況，根本是「由財團而非農民擁有和經營的工業化農業，躲藏在『農場』的假面具之後」，麥克威廉斯寫道[5]。

忙著餬口，哪來的力氣抗爭？就從培養領導力開始吧

農工們組織工會屢屢失敗，也和美國政府於一九四〇年代從墨西哥引進大批短期合同工有關。不過隨著短期合同工計畫於一九六四年結束，工業區基金會（Industrial Areas Foundation）及其分支機構社區服務組織（Community Services Organization，簡稱CSO）趁勢而

起。一九六〇年代初期，加州的CSO由流動農民之子凱撒．查維斯領導，在傳奇社會運動老將佛萊德．羅斯（Fred Ross）的指導下，試圖建立一套新的抗爭模式。他們動員消費者，連結環境議題與勞動狀況，並發起組織和政治動員，促使通過全州立法，包括著名的加州一九七五年農業勞動關係法，這個具里程碑意義的法案成為農工聯合會（UFW）在農地組工會的遺緒之一。

UFW和查維斯的戰績輝煌，從一九六〇年代表現令人稱奇的拒買葡萄運動，到一九七〇年代初、中期與種植者及其盟友卡車司機工會（Teamsters）的抗爭，到一九七〇年代晚期的萵苣採收工罷工，都是振奮人心的勝利。但即便如此，仍無法阻止UFW的沒落。一來，農工的移民身分、候鳥似的工作性質和邊緣化的角色，都使得他們很難凝聚團結的力量；二來，UFW本身也始終無法在加州以外立足。自從一九七〇年代之後，UFW代表的工會和工人數開始大幅滑落，從一九七二年六萬名會員的高峰，跌到二〇〇六年七千名會員的低谷，並且失去了全部食用葡萄的採收合約。

儘管如此，UFW的成就仍值得一書，歷史學者藍迪．蕭（Randy Shaw）說：「你想不出一九六〇年代還有哪個組織，能喚起這麼多的積極行動者。這些人後來繼續全職從事社會改革工作，對爭取社會正義有非常重大的影響。」[6]

很可惜，當年ＵＦＷ發起的拒買葡萄運動雖然獲得數百萬人響應，但主要的訴求仍是爭取農工正義，如果訴求的是食物正義——涵蓋農工正義、食物種植和食物改革——力量應該會更大。例如佛羅里達州伊莫卡利工人聯盟（Coalition of Immokalee Workers, CIW），就是很好的例子。ＣＩＷ在一九九三年成立時，面對的挑戰簡直史無前例：當地工人的高流動性；整個地區的農工可以在一年內就全部被換掉；農工必須隨著季節變化移往其他南部各州。這些情況大大增加了ＣＩＷ與農工建立關係的難度。

於是，ＣＩＷ開始認真培植農工本身的領導能力。因為他們發現，這是維繫組織存續最不可或缺的因素。在領導力培育的講習會期間，透過面對面的分享、交流和彼此學習，終於培養出大規模組織運動的能力[7]。

ＣＩＷ的目標，是喚起社會大眾關注伊莫卡利番茄採收工人糟糕透頂的工資。二〇〇九年，當地農工每採收一籃三十二磅的番茄，拿到的工錢與一九八〇年一模一樣，都是四十五美分。要賺到最低工資，工人一天採收的番茄量必須是一九八〇年的兩倍（約兩噸半）才行。更糟的是，伊莫卡利的平均年薪只有六千五百美元，比全美國農工平均年薪少了足足一千美元。「關於農工，有一個存在已久的刻板印象，就是普遍認為我們沒有能力改變自己的命運。」籌組ＣＩＷ的傑拉多・瑞耶斯—查維斯（Gerardo Reyes-Chavez）說：「我們來自底層，我們要挑戰刻板印象，證明我們能夠改變命運。」[8]

農場工人的苦難，麥當勞、肯德基、漢堡王該不該負責？

ＣＩＷ的策略，是訴求番茄的最終買主，也就是速食店、食品業者和連鎖超市。長期以來，這些企業置身事外，聲稱自己無權過問付給農工的工資。ＣＩＷ心知肚明，想透過成立工會或運用傳統的勞動法來達到目的，幾乎不可能成功。過去不少團體的抗議行動都是衝著農場老闆而來，包括絕食抗議、反暴力遊行，以及長達二百三十英里「要尊嚴、要對話、要公平工資」的遊行，試圖對農場大老闆施壓，逼迫他們給予農工組織工會的權利，並改善工資和工作環境。雖然偶有斬獲，但其實成效非常有限[9]。

認清了這一點，ＣＩＷ決定改換成以超大型速食店、食品業者與零售集團為目標。ＣＩＷ也與學生和教會團體緊密合作，因為這些團體中很多人都是過去反血汗工廠運動的老將。這回，ＣＩＷ希望能迫使麥當勞或塔可鐘這樣的連鎖企業，接受他們的訴求[10]。

塔可鐘是他們的第一個目標，不是因為它買的番茄數量最多，而是看中它上面那個更大的食品集團——百勝餐飲。於是，ＣＩＷ向塔可鐘提出他們的要求：採收的番茄每一磅的收購價增加一美分，增加的錢可以直接付給採收工人，並訂定一套施行規範，速食公司可據此強制他們的供應商遵守。但塔可鐘拒絕了，堅稱他們不必為採收工人的處境負責[11]。

於是，CIW的第一場重大運動於焉誕生：抵制塔可鐘。在這場長達四年的抵制運動中，CIW的「真相巡迴」（Truth Tours）上路了，聯合學生與教會團體共同喚起人們關注田間的血汗現象，以及縱容奴役制度如此猖獗的環境。這場運動觸動了許多社會正義的支持者，學生說服學校把塔可鐘趕出校園，媒體增加報導，政治人物也紛紛前往伊莫卡利親眼看看CIW所訴說的血汗故事。最後，塔可鐘終於接受CIW的要求，同意轉嫁加薪（pass-through wage increase），並答應CIW監督執行進度的要求。

從此，新的工運模式確立，接著目標瞄準了麥當勞，然後是漢堡王、潛艇堡、Whole Foods和Bon Appétit，一路過關斬將。塔可鐘還協助安排百勝集團旗下的其他企業，包括肯德基在內，一起接受CIW的要求[12]。針對速食企業的行動獲得成功之後，CIW轉而把焦點放到其他業者身上，比如全國性和區域性連鎖超市（如Kroger和Publix），還有機關團體的食物供應商（如Aramark和Sodexo餐飲服務公司）。在CIW現在練得爐火純青的宣傳策略下，每家業者都被迫低頭。雖然還有大農場老闆組成的「種植者公會」頑強反抗，但時間和熱情都站在CIW這邊[13]。達成協議的速食業者將一磅多一美分的額外款項，存入了一個第三方的託管帳戶，再轉給工人。一連串讓人熱血沸騰的勝利，使得CIW成為二十一世紀最成功的社運組織。

但是，這算是食物正義運動嗎？瑞耶斯—查維斯用CIW與專賣墨西哥捲餅速食業者Chipotle交涉的策略為例，說明CIW要努力的方向。

Chipotle本來就以提供「正直食物」（food with integrity）為主打訴求，實行在地採購、使用有機食材、支持動物福利理念，同時也是探討美國食安議題的紀錄片《美味代價》（*Food Inc*）的贊助者之一（該片在二〇〇九年春天首度上映時曾轟動一時）。但Chipotle卻拒絕全盤同意CIW的要求，只表示他們會設立自己的託管帳戶存放一磅一美分的額外款項，但不同意接受CIW的監督。結果，CIW在Chipotle放映《美味代價》的場所外阻擋觀眾入內，並散發一封支持CIW的信，簽署者都是食物正義界的要角，比如艾瑞克．西洛瑟和《美味代價》的導演羅伯特．肯納（Robert Kenner）。

雖然Chipotle與其他速食業巨人相較之下不算大咖，但與Chipotle的衝突卻凸顯了一個更深層的議題：什麼才算是永續食物？與食物正義的理念有何關聯？

「食物是否永續或如何永續，」瑞耶斯—查維斯說：「必須涵蓋田間工作者的福利，這是人道問題。」[14]

在加州的農田裡，吃一頓苗族早餐

葛斯．舒馬赫（Gus Schumacher）從事農糧政策工作四十多年，待過世界銀行，擔任過麻省農業專員，然後任職於美國農業部，但他不曾仔細想過**新移民農民**的問題。當他在一九九八年農業部的會議中結識一名叫查理．張（Charlie Chang）的苗族農民後，才驚訝得知在加州的佛雷斯諾（Fresno）地區，有數百或數千名像他一樣的苗族農民，這些農民沒有一個受惠於農業部推出的方案。「表格很複雜，我們很多人不懂英文，農業部裡沒有人能幫我們翻譯。」張告訴舒馬赫。

好奇心被挑起的舒馬赫表示，他可以親自去一趟佛雷斯諾，與苗族農民共進早餐。「也許可以約在假日酒店」來談談農業部的計畫，舒馬赫記得他這樣告訴張。張卻建議讓農民在他們耕作的田裡準備食物，請舒馬赫跟他們吃一次苗族早餐[15]。

舒馬赫答應了。當他抵達佛雷斯諾約好的地點時，驚訝地發現現場不是只有幾個農民，而是幾十個大家庭圍繞著篝火，火上架著的大鍋裡正在燒烤蔬菜、米飯和一點肉。「我們天天如此。」張告訴舒馬赫。這位農業部官員大開眼界，不僅因為參加的農民人數眾多，也不僅是凝聚力強的家庭關係和社區關係，更因為他們所耕所種與飲食經驗是如此密切連結。此外，舒馬赫也發現，張和他的苗族農友要劃歸為**新移民農民**，這是一個日益成長卻幾乎隱形（至少農業部沒看見）的族群。有些新移民農民是戰爭或政治難民，來自柬埔寨、越南、索馬利亞、蒲隆地或塞內加爾；至於其他的新移民，或合法或非法，包括來自墨西哥、瓜地馬拉、海地、東加、迦納、利比亞、奈及利亞、厄瓜多爾及多明尼加共和國的經濟難民。對其中許多人來說，與土地連結，不論是務農或在自家後院種蔬果，是他們的文化和經濟傳統的一部分。

長久以來，移民與食物的關係是美國經驗非常明顯可見的一部分。二十世紀初在南歐人大規模移民美國的數十年間，移民構成餐館勞動力的骨幹，移民經營的餐館也占顯著比率，這可從該時期餐館業的工人階級和移民協會看出端倪。很多農業區的耕作也有很深的移民淵源，北歐人和德國人及其他歐洲新來者在此建立農場，成為在地及區域性文化的一部分[16]。移民也在美國的都市園藝史上占有重要地位。幾位分析家指出，從美國出現「移民園丁」可以看出離鄉背井的移民渴望重溫與土地連結的舊夢，尤其是那些出身自鄉村的人，耕種與園藝本來就是日常生活的一部分，就像「我們的根」所揭示的。

作家派翠西亞・克林丁斯特（Patricia Klindienst）記述移民和少數族裔園丁的經歷，指出「園圃的隱喻，一直都被用於描述移民經驗」。派翠西亞建議，不要把移民視為「移植」，像植物那樣從原地拔走再栽到他處，而是應該了解移民「像園丁，一個塑造世界而不是僅僅被世界塑造的人」。過去二十年，由於大批合法移民和非法居留者湧進城市和鄉間，移民園丁已能讓零碎的小塊閒置或荒廢土地恢復生機，並和務農的移民一道，逐步構成美國食物種植者中最快速成長的群體[17]。

就是這個動人的事實——在農地流失、都市恣意擴張的時代，移民農民和園丁化身為新型態的生產者——使得舒馬赫在與苗族農民共進早餐的四年後，著手探討促成一個新的全國移民農民網絡的可能性。舒馬赫偕同塔夫斯大學的研究員休．喬瑟夫（Hugh Joseph）去找國際小母牛組織（Heifer International），洽商設立全國移民農民網絡的可能性。小母牛這個國際組織，致力於解決飢餓和貧窮問題，與包括美國在內的全球小農合作，最近還調整了他們在美國的規畫，開始和比較非傳統的農民合作，包括新農民和移民農民。在舒馬赫和喬瑟夫提出請求後，小母牛組織於二〇〇二年協助召集數個移民務農團體和幾個主要人物開會，訂定全國移民務農計畫（National Immigrant Farming Initiative，簡稱 NIFI）[18]。

從一開始 NIFI 就面對兩個截然不同的目標。一方面，主要贊助者如家樂氏基金會認為，新農民的支持是重整地方食物系統的關鍵因素。另一方面，許多參與計畫的移民和難民農民希望建立一個能分享知識和經驗的社群。小母牛組織提供 NIFI 最初的安身之處及行政人手，認為自己的角色只是過渡性質，主要在協助移民農民建立能力，讓他們能夠界定自己的身分認同和目標。一旦團體裡的農民更清楚 NIFI 能滿足哪些需求，以及他們在建立新型態的運動認同上能扮演什麼角色時，就會開始要求在組織運作上擁有更大的自主權。前小母牛職員艾莉森．柯恩（Alison Cohen）回憶 NIFI 最初發展情況時表示：「NIFI 從一開始所能提供的，除了一些新的資金來源、宣導議程和技術支援外，就是集體認同和全國各地新移民農民團結一致的感覺。」[19]

二〇〇七年，NIFI 在新墨西哥州拉斯克魯塞斯市（Las Cruces）的集會上，採用了「開放空間技術」（open space technology）做為會議形式，那是近幾年才出現的一種會議技巧，目的在讓與會者能主動參與、充分交流，更有當家做主的感覺。開放空間形式，意味會議沒有主講人，沒有事先公布的研討會日程表，也沒有小組座談會。與會人員到場之後，可以把他們建議的專題貼到牆上發起討論或活動。一旦提案被接受，與會者就可以擬訂他們自己的議程[20]。

當移民農民——索馬利人、苗人、中美洲人、蘇丹人、墨西哥人和其他來自超過十五個民族的移民——齊聚一堂，新的開放會議空間讓他們可以侃侃而談自身的經驗和曾經遭遇的困難。大會還舉辦了一場「世界音樂派對」，由與會者演奏祖國的音樂。就像艾莉森所回憶的，音樂會成了一個溝通管道，「把所有人團結在一起，並試著體會彼此的文化。這是一個好意象，象徵活動本身及事後產生的對話。」[21]

會議結束前，許多人圍成一圈發表評論和感想，談及這次會議和建立人脈對他們的意義。一名與會者表示：「我們不分移民或難民，過去三天聚在一起傾訴身為難民和移民的悲哀，傾訴我們艱困的經歷。」另一人提及，農耕是「世界各地許多文化的根基，在美國卻失落了」。不過，整體的氣氛是歡樂的，因為新的可能性已經開展，新的連結已經建立。「我非常興奮能夠認識你們所有人，雖然我們的語言不同、民族不同，但我們都是一家人。我們生產食物，促進世界和平。」另一名農民在會議結束前說道，一語道盡這次聚會的良好氣氛[22]。

拉斯克魯塞斯會議成為NIFI的重要轉捩點，在這次聚會後，該組織決定自力更生，在小母牛正式辦理移交後，NIFI要研究的是如何取得非營利組織的免稅資格。此外，它也試圖把更多注意力放在會員的需求上，劃分五個區域來擴展連結和分享資訊。NIFI更像一個照顧各種不同成員需求的組織，不論他們是移民農民、移民園丁、農工或美國原住民。各式各樣的族群，包括移民和美國土生土長的，都成為NIFI家庭的一員，期待和渴望去開創新的食物種植、新的生產及行銷策略[23]。

你給我預付金，我給你有機好食物

新墨西哥州農民唐．巴斯托士（Don Bustos）是NIFI理事長，他回憶小時候和祖父一起下田，跟在騾子後面犁地。「我從小到大耕作了一輩子。」巴斯托士說，由於耕作，他了解這塊土地的歷史，這裡是一六〇〇年代聖塔克魯斯小溪村（Santa Cruz del la Canada）授地國墾計畫的一部分，當時有十六個家族集體耕作最初的四萬四千畝地。當巴斯托士接管母親的農場時，他把農場命名為聖塔克魯斯，這是他做禮拜的那間教堂的名字，也是當初授地的原始名稱。「我繼承祖先所採用的永續農法，不過我也加入了一些比較現代的技術和技巧，幫助我的農場存活下去。」巴斯托士談起他當時的想法[24]。

到了一九八〇年代，聖塔克魯斯農場已改採不噴農藥、不施糞肥的方法，共種植了七十二種不同作物，一年十二個月都是產季，產出則拿到聖塔菲農夫市集配合一些創意的促銷手法來銷售。此外，盤據巴斯托士心頭的還有一個渴望：他想跟其他人合作，一起解決各種被邊緣化、會危害到有色人種農民的健康、環境和經濟的議題。巴斯托士對水和土地的觀點與主流不同，他不認同水的商品價值，而是把它看成一種公共財，人人都有權使用。這種觀點近似他的先輩。巴斯托士後來成了一名身先士卒的倡導者，透過美國教友會（American

Friends Service Committee）的運作投入地方議題，並透過他的農場擴大工作成果，技術支援有色人種低收入社區的食物正義和農耕計畫。巴斯托士會受到NIFI的吸引，除了移民農民議題跟他自身的經驗產生共鳴外，還有他個人的理由：他娶了一位瓜地馬拉移民，妻子跟他一樣熱愛耕作。對巴斯托士來說，他不只繼承農場，也繼承了農場的傳統，他的社會正義和食物正義理念只是換個方式談永續農法和擴大與土地連結的意義[25]。

當巴斯托士宣稱他與所耕種的土地有深厚的歷史根源時，新一代的農人已開始崛起了。這個變化開始出現在一九六〇年代末和一九七〇年代初，是渴望回歸自然的反主流文化的一部分。這個文化風潮在隨後的歲月裡扎根，隨著提倡永續、在地和有機農業的人開始變成下一代新農民，而形成一個更成熟的網絡。茱迪絲．瑞德蒙（Judith Redmond）表示，這群人較少做「生活方式的選擇」，而是「做想做的那種工作」。茱迪絲是加州優洛郡（Yolo County）的農民，也是食物正義的倡導者[26]。

茱迪絲在一九七〇年代十分熱中社區運動，後來重返校園，在加州大學戴維斯分校拿到植物病理學碩士學位。由於對食物政治的興趣日增，她決定在戴維斯地區定居，開始在一個叫做小農社群聯盟（Community Alliance with Family Farmers，簡稱CAFF）的新組織實習。當她持續與CAFF合作，並鼓吹永續農場和支持加州在地小農等議題時，越來越想自己耕作。

一九八九年，她與另三人選擇在沙加緬度西北方的卡貝谷合夥購買了一座占地一百英畝的農場，除了這座已獲得有機認證的農場外，他們還租下一些鄰近土地闢建新農場。這座有機農場被命名為飽腹農場（Full Belly Farm）[27]。

那時農場還需要整修：水井尚未開鑿，主屋油漆剝落，樹木照顧不周。合夥者對於農場聯盟（Farm Bureau）的主張有疑慮，認為有機農場無法生存。他們斷言：「你不可能成為一個成功的有機農。」茱迪絲說，她當時對他們一口咬定的語氣感到很震驚。但一開始，農場的銷售量確實十分有限。除了固定的兩處農夫市集，還有幾筆批發訂單，但沒有真正的銷售系統可以讓飽腹農場或那一陣子成立的其他有機農場使用。

所幸，到了一九九二年總算有了突破，飽腹農場啟動了自己的社區支持型農業（community-supported agriculture，簡稱ＣＳＡ）計畫。按照此計畫，農場要供應當週採收的一籃食物給預付六個月訂金的個人訂戶。預付款讓飽腹農場有比較可靠的資金來源以維持農場運作，並提供擴大規模的機會。隨著ＣＳＡ訂戶數增加，以及農夫市集的銷售量和批發訂單雙雙成長，飽腹農場開始賺錢了。當財務狀況更穩定後，飽腹農場就不用太過依賴其他收入來支撐，比如在外面兼差，包括茱迪絲在CAFF的工作[28]。

「我們慢慢發現，我們已經建立了一種新型機會來支持我們這種類型的農業。」茱迪絲談起飽腹農場的通路組合：CSA計畫、農夫市集，加上農場擺攤。其中批發和零售客戶也日益多樣化，包括餐廳、學校和商店。後來農場擴大到二百五十英畝，種植了八十種不同作物，包括水果、香草、花卉、堅果，還養了一群雞、一群羊、幾頭牛。其中很多作物是輪種，覆蓋作物則用來提供土壤有機質。隨著飽腹從小型農場成長至稍具規模的中型農場，連帶著必須應付成立之初或規模較小時許多不用處理的規定、財務及法律問題[29]。

對飽腹農場的經營者來說，要經營一座能夠獲利的中型農場，並與一千五百名CSA訂戶及數百名農夫市集顧客維繫關係，這跟推動食物系統改革並不衝突。「我們的農場是個美麗的地方，」茱迪絲說：「充滿了生機與活力，有小孩的歡笑聲，有努力工作並與土地產生歸屬感的全體員工，有我們種植的食物，還有生產者、食用者和社區居民組成的共同體，一齊打造這個特殊的地方。」[30]

打造新平台，協助小農更上層樓

既然要改善農工的生活，對於那些有志經營農場的農工，有沒有辦法協助他們擁有並耕種自己的土地呢？實現這個目標的，是農業和土地相關培訓協會（Agriculture and Land-Based

Training Association，簡稱 ALBA），總部在加州蒙特瑞郡的薩利納斯谷（Salinas Valley）。

ALBA 的起源可以追溯到一九七〇年代，當時有一項由美國聯邦政府贊助的中部海岸郡縣發展合作組織（Central Coast Counties Development Corporation，簡稱 CCCDC）與西班牙語裔草莓農工合作，幫他們成為農場主，並成立以農場為主的合作社。後來由於雷根政府削減預算，使得該計畫於一九八〇年代初期喊停，取而代之的是「農村發展中心」（Rural Development Center，簡稱ＲＤＣ）的新專案，繼續推動 CCCDC 的工作。

ＲＤＣ透過「農工變農場主」的專案計畫，訓練參與的農工取得管理農場的經驗與技術，最後成為農場的擁有者。一九九七年一筆來自農業部社區糧食專案的補助款，讓ＲＤＣ得以擴充，納入婦女和兒童，並加強發展運銷、行銷和政策內容。成果之一是一座新農場 Triple M Ranch，地點在環境惡化的鹿角沼澤區（Elkhorn Slough），這裡原來是野生物種豐富的濕地，是環保人士眼中認為深具潛力的生態寶地，卻因為嚴重的土壤流失及農業活動污染而面目全非[31]。

打從二〇〇〇年 ALBA 創立時，就瞄準了兩大目標：其一是協助訓練農工轉型為農場管理人和農場主，其二是和拉美裔農民合作發展更永續的工作方式。另外，ALBA 還成立了 ALBA Organics，負責行銷 ALBA 培植的新農場主所生產的農產品。ALBA 培養的農場主大都為西語裔，其中近半數是婦女，而且多數是新移民。ALBA的負責人布雷特．馬龍（Brett Malone）估計，加入ALBA的人有七五%在國外出生，包括很多以前有耕作技術但苦無機會在美國環境施展的農工。由於ALBA也被視為教育體系的一部分，因此可以資助學員和新農場主到外地參加集會，例如NIFI在拉斯克魯塞斯舉行的集會就有十名ALBA的成員參加。對ALBA的會員來說，NIFI的集會格外具有啟發性。馬龍回憶起他當時的感想：「有那麼多的移民農民參加，集會本身就是一個分享及增加能力的有力管道。在那裡，你會感覺自己隸屬於一個更大的團體，並不孤單。」[32]

就跟其前身RDC一樣，ALBA早期也曾與農工聯合會（UFW）關係緊張，因為後者認為「農工變農場主」這類方案會轉移焦點，削弱抗爭的力道。不過雙方關係最終獲得改善，因為UFW終於明白，ALBA替他們的成員開闢了一條更獨立自主的道路，確立了一種可以保障永續生計的方法。到了二〇一〇年，ALBA已成為食物正義一個鼓舞人心的好故事。

走一條與跨國集團不一樣的「在地、有機、永續」的路

NIFI的拉斯克魯塞斯會議，也激勵一群來自華盛頓州華康郡（Whatcom County）的農

工。這些農工隸屬一個叫做「社區到社區發展」（Community to Community Development，簡稱C2C）的組織，領導人是羅莎琳達·吉蘭（Rosalinda Guillen）。

吉蘭也是出身移民農工之家，曾參加抵制華盛頓州最大酒廠聖美堡（Chateau Ste. Michelle）的活動。最後酒廠工人加入ＵＦＷ，吉蘭則在ＵＦＷ找了一份工作，並在八年期間步步高升，最後坐上了全國副會長的位子。代表ＵＦＷ出席在巴西舉行的世界社會論壇之後，吉蘭受到巴西無地農民運動和團結經濟網絡等團體的啟發，決定到華盛頓協助重建當時處於休眠狀態的C2C組織[33]。

華康郡是全美最大的紅莓產地，占美國紅莓產量約三分之一，也是當局突擊檢查非法移民的目標。一如美國其他地方的情況，華康郡農工也遭到層層剝削，承受嚴重的環境與健康危害。吉蘭認為要讓組織復活，關鍵就在於調整重心，應該把目標放在農工賦權問題，尤其是在田間工作的婦女，並尋找一個可行的新模式——成立合作社，包含經營一座農場，以及一間利用農場產品製作食品的工廠[34]。

二〇〇七年農業普查發現，全美國的農場數目小幅增加，主因是多了小規模運作的農場，比如巴斯托士的聖塔克魯斯農場，以及茱迪絲的飽腹農場。二〇〇三至二〇〇七年間成立的新農場，平均占地約二百英畝，營業額都不高。許多新農場主是女性，其中大都是西語裔和亞裔移民。調查也發現，越來越多的新農民是不到三十五歲的年輕人，很多剛從學校畢業，懷著小農熱情投入，而且獲致一些初步的成功。食物正義運動、環保運動及這批年輕的新農民，這三股力量的結合促成了《今日美國報》所稱的「新生代農民」的崛起[35]。

根據二〇〇七年的農業普查，處境最困難的是中型農場，這種農場被形容為「夾在中間的農業」（Ag in the middle），大都位於美國中西部或東北部、大西洋中岸及南方州。二〇〇八至二〇〇九年間，經濟衰退造成牛奶價格崩盤，讓許多中型酪農面臨倒閉。要協助這些中型農場度過難關，首先需要調整農糧政策方向，創造更有效的方法來協助他們擺脫大型工業化農場和全球食物集團的操控，其次是打造健康的市場，包括強調在地及永續這兩種市場行銷優勢等等[36]。

今天，不管新農民、老農民或夾在中間的農民，都不難發現全球食品業者也在大打「在地」、「永續」、「自然」和「有機」等標籤。雖然這些標籤所代表的意義仍莫衷一是、糧食與農業政策的規範不明，加上跨國食品業者呼風喚雨的勢力，但是這些有理念的新農和老農、年輕農民和移民農民，透過改變食物系統（包括不同的種植方式）的作為，已經開始為新的食物正義運動架磚疊瓦了[37]。

我住在城市，我也是農民

二〇〇九年，九十四歲高齡的華裔平權領袖陳玉平（英文名 Grace Lee Boggs），還在持續為她的家鄉底特律市打造願景。她曾形容底特律是「工業社會結束的一個象徵」，在她看來，這個城市迫切需要「重建鄰里關係，不僅在內城區，也包括我們的郊區」。

多年前，陳玉平和先生詹姆士．柏格斯（James Boggs）一起創立一個稱為「底特律夏日」（Detroit Summer）的團體，目標就是推動底特律真正從頭開始再造，把內城空地變成社區園圃。多年後的今天，陳玉平認為底特律不再抱有「經濟成長的幻想」是件好事，「你可以悲嘆你的經濟起不來，」陳玉平說：「但你也可以學著植樹種菜。」[38]

其實早在「底特律夏日」誕生的一個世紀前，底特律就曾被視為在市區種植食物的發源地，當時的市長黑森．平格里（Hazen Pingree）提供市區空地給失業的市民耕種。根據平格里的傳記所述，很多市民在市內種植平常買不起的食物，讓「整個夏季的綠色蔬菜不虞匱乏」。在一八九〇年代中葉嚴重經濟衰退時期，這個創舉引來很多城市跟進。後來當上密西根州長的平格里也成了底特律的傳奇人物，至今仍有一座紀念雕像，當地的收成節慶也用他的名字命名[39]。

今天的底特律，正在復興平格里的政績。在這個總面積一百三十九平方英里的城市中，可以找到七萬筆空地，占底特律全部土地的二七%。後來選上市議會議長的社運人士肯．柯克羅（Ken Cockrel），就大力推動都市綠化。底特律也成立糧食政策委員會（Detroit Food Policy Council）來推動社區糧食計畫，尤其重視食物的取得管道，以及為偏遠社區開發新的食物市場[40]。

追求在地、新鮮的食物，在美國已經蔚為風潮。不過，那些成功變身為社區園圃的私有空地，仍然得面臨房地產開發計畫的威脅。諷刺的是，社區園圃經營得越是成功，房地產商就越對這塊地虎視眈眈。結果就是，每一個美國城市都可以找到不計其數的社區園圃被房地產商看上後，遭到摧毀的故事。就連一些知名的迷你農場，比如洛杉磯的中南農場（South Central Farm），也同樣無法倖免。

儘管如此，一九八〇和一九九〇年代以來，在丹佛都市園圃（Denver Urban Gardens，簡稱ＤＵＧ）和西雅圖P Patch之類的組織推動下，社區園圃仍有不錯的表現。ＤＵＧ由幾位志工於一九八五年組成，在丹佛西北區闢建了三座園圃場地。該組織是一九九六年第一批獲得農業部社區糧食專案挹注資金的團體之一，並與丹佛及奧羅拉（Aurora）等郊區城市密切合作，協助將市區園圃擴增到八十個不同地點。

同樣貢獻良多的，是西雅圖的 P Patch 社區園圃計畫，因為一九七〇年代初期西雅圖市政府撥地給一座都市農場（Picardo 農場）而創立。他們選在平價住宅區開闢園圃和食用植物地景（edible landscapes），協助訂立「闢建及維護市區園圃的規範」，蘿拉．班傑明（Laura Benjamin）在分析過不同社區園圃模式之後，認為 P Patch 的方法最理想[41]。

當然，最有名的新都市農業行動計畫，要算是「種植力」（Growing Power）組織了，領導人是前籃球員威爾．艾倫（Will Allen），他也是一個都市農夫。艾倫曾獲得二〇〇八年麥克阿瑟基金會頒發的「天才獎」，他和女兒艾莉卡長期投入食物正義運動，《紐約時報》等許多刊物都報導過他的故事。「種植力」最早在密瓦基市（Milwaukee）創立，目前觸角深入全美國。「種植力」最重要的訴求，是讓都市種植的食物成為市民重要的食物來源。

種植力的經營策略包括：利用營運中的農場做為訓練及教育中心；闢建溫室讓四季都有產出；以及使用蚯蚓堆肥和水產養殖閉環系統（close-loop system）。此外，種植力有兩級定價系統，利用從較高檔的農夫市集賺到的利潤來補貼低收入家庭。就像ＤＵＧ和 P Patch 等團體的做法，種植力也開辦大型技術支援和教育計畫，並和許多團體串連合作，它所建立的「種植食物與全民正義」（Growing Food and Justice for All）網絡於二〇〇八年首度投入使用，以擴大及支持全國各地食物正義網絡為目標[42]。今天，密瓦基、芝加哥、底特律、西雅圖及丹佛都可以見到都市農業和社區園圃，顯示此一運動已擴散到全美各地，而且形式從屋頂菜圃、食用植物地景，到市區農場、後院園圃、都市CSA農場和學校菜園，不一而足。在市區種植食物一舉數得，包括食物正義、園藝療法、提供食物來源、移民技術認可及地景轉型，都是可以見到的成效。

第7章

為農場與餐桌之間，蓋一條新路

消費者攜手，打造新食物路徑

有了更多良心小農，接下來的任務是：
如何將小農們所生產出來的好食物，送到你我手中？
我們需要打造新的路徑，把好食物送到消費者手中。

例如，美國的「從農場到學校」計畫，成功將好食物送入校園，
不但讓孩子們吃得健康營養，也嘉惠了小農。

例如，許多城市雨後春筍般出現的農夫市集，
也是一個讓人們直接與農民交朋友的好管道。

但值得關注的是：別讓這些新管道
成為有錢人、中產階級專屬的食物通路。
例如「社區支持型農業」（CSA），
如今就納入了低收入社區居民、老人等弱勢族群。

北費城的進步廣場（Progress Plaza），是全美國最古老的非裔美國人所擁有的一個購物中心。在斥資數百萬美元的改建計畫發表會上，州長來了，費城市長也來了，還來了一位州參議員、兩位州眾議員及一位市議員，他們全都表態支持在原址興建一間新超市。套句《費城詢問報》（*Philadelphia Inquirer*）的話，當日現場「冠蓋雲集，政治光芒令人目眩神迷」。

政治人物會熱心此事，不意外。進步廣場是一個曾經輝煌、後來日漸沒落的費城故事。一九六八年，一群錫安浸信會教徒在民權領袖里昂．蘇利文牧師（Leo Sullivan）帶領下，每人投資三六〇美元入股進步廣場開發案，當年被視為社區賦能、正義和進步的象徵。開張後風光了三十年，靠著食品店帶來人潮，但最後一間超市卻在一九九八年關門大吉[1]。費城非營利機構食物信託（The Food Trust）的工作人員表示：「食品店可以帶來人潮，這些店不見了正是廣場沒落的原因。」

以前「只賣香蕉和洋蔥」，現在有了新鮮蔬果專區

這回改建，將會有一家「生鮮食品超市」（Fresh Grocer）進駐，占地四萬五千平方英尺。生鮮食品在費城有八間分店，每家店的風格和販賣的商品都不一樣[2]。這次之所以在進

步廣場設點，多虧了賓州新鮮食物融資方案（Pennsylvania Fresh Food Financing Initiative，簡稱FFFI）提供資金。這個融資方案是由食物信託、大費城都市事務聯盟（Greater Philadelphia Urban Affairs Coalition）和再投資基金（Reinvestment Fund）三方於二〇〇四年合作推出，宗旨就是希望提供資金，讓食品零售商願意到那些很需要新鮮食品的社區開店[3]。

符合FFFI融資條件的不僅有食品店，農夫市集、街角商店和合作社等也可以申請。成立後的頭五年，FFFI一共收到兩百多份申請書，其中七十四件獲得融資，估計造福當地約五十萬人，帶來四千八百多個就業機會[4]。例如璜．卡洛斯．羅曼諾（Juan Carlos Romano）在費城璜尼塔公園區（Juanita Park）所經營的食品店，就是用補助款十五萬美元重新裝潢的，使他能夠供應新鮮蔬果。當時二十九歲的羅曼諾來自多明尼加共和國，他告訴《紐約時報》記者說，有了FFFI的融資，這家原本「只賣香蕉和洋蔥」的店，現在多了新鮮蔬果專區，安裝著新的節能冷藏設備，營收增加了四〇%[5]。這家店的一位常客說：「比起小黛比（Little Debbie）的蘋果派，我更喜歡蘋果。」[6]

農夫市集也是FFFI的受惠者。賓州中部的蘭卡斯特（Lancaster）中央農夫市集是美國最古老的農夫市集，其歷史可追溯自一七三〇年代。這個農夫市集目前設在一棟一八八九年建造的仿羅馬式建築內，獲得FFFI挹注十萬美元進行翻修。另外，坐落在阿米緒人（Amish）

社區的「中央市場」，有穩定的小農和六十個攤位，也是靠這筆資金繼續營運[7]。

二〇〇八年，FFFI獲得哈佛大學表揚為全國最創新的政府計畫之一。州眾議員德威特・伊凡斯（Dwight Evans）表示：「賓州的這個成功故事，對美國意義重大。」自此融資方案推出以來，其他州的立法者紛紛前來賓州取經，想更進一步了解FFFI，同時研究一下能否在自己的州內複製這個計畫。二〇〇九年，食物信託在創辦人杜安・裴利（Duane Perry）帶領下，協助紐約州、伊利諾州和路易斯安納州的食物計畫和商販。紐約的健康飲食健康社區方案就是倣效賓州計畫而來；而紐奧良市政府也依循賓州模式，提撥七百萬美元研擬新鮮食物零售獎勵辦法，州議會也通過健康食物零售法，創設一個有同樣目標的全州性融資計畫。在伊利諾州，州議會於二〇〇九年六月同意提撥一千萬美元成立伊利諾新鮮食物基金，投入生鮮超市不足的城市街區和鄉區[8]。

說起這個「賓州的成功故事」，就不免要談到另一個費城食物地標「瑞丁總站市場」（Reading Terminal Market）的衰敗和轉型。這座有一百五十年歷史的市場最初是費城的鬧區，各式各樣的食物都可以在這裡買賣，農夫、漁夫和獵人在河畔空地販賣貨物，後來擴大到附近的幾條街。直到一八九二年，市集才落腳在面積七萬八千平方英尺、有七九五個攤位的現址。當年，它可是擁有最尖端科技的一個市場，有超大容量的冷藏設備及空調設備，用來保鮮雞鴨魚肉和蔬果[9]。

但好景不常，從大蕭條時期一直到一九八〇年代，這個市場經歷漫長的衰退期，到了一九九〇年，市場建築因為年久失修，擁有這棟建築的賓州會議中心管理局為了給當時正在興建的新會議中心蓋一個美輪美奐的入口，打算拆除這棟舊建築[10]。

杜安．裴利挺身而出，發動了一場保留市場的運動，獲得八萬多人連署，最後成功讓瑞丁總站市場保留下來，以新的姿態重展榮姿。這起事件引發了熱烈討論，大家關心的不只是這個市場，也同時檢視整個費城生鮮食物取得的管道，進一步探討許多窮社區沒有生鮮超市的問題。「隨著此一運動的成功，」裴利回顧：「我們開始深思市場要如何回饋我們的城市。」為了尋找答案，他與各種食物團體和反飢餓團體深入討論，發現到一個長期被忽略的問題：費城有很多社區沒有市場，卻沒有人關心。在這種情況下，由瑞丁總站市場來扮演推動者的角色，真是再恰當不過了[11]。

於是，裴利創建的食物信託迅速崛起為最創新的另類食物團體之一。剛開始，食物信託選在三個窮街區，每週一次擺攤賣生鮮蔬果，但這幾十個蔬果攤的老闆後來發現根本沒生意上門，紛紛退出。於是，食物信託直接找上了農場主，改弦易轍地辦起了農夫市集。在他們積極奔走下，總共設立了三十多個季節性農夫市集，主要位於低收入社區。此外，該組織也同時在想：要如何幫助這些社區的居民，讓他們一年到頭都能買得到生鮮食物？要如何改善學校的飲食？要如何對抗遍布校園和周遭社區的垃圾食物？這一連串的問題，最後促成了FFFI的成立[12]。

今天，食物信託是美國最重要的另類食物團體之一，有六十五名員工，涵蓋面廣泛，包括食物政策、研究、教育及專案開發等等。羅伯伍德強森基金會（Robert Wood Johnson Foundation）說：「藉由幫助居民正確選擇健康的食物、提供居民取得平價且營養食物的管道，食物信託一步一步地改變這個城市的食物樣貌。」[13]

大財團也高喊「在地」、「有機」，算「食物正義」嗎？

賓州FFFI的經驗讓我們看到，在低收入社區開店，提供居民新鮮、健康、平價的食物，是一項重要的食物正義任務。其他幾個食物團體後來也跟進，例如社區糧食安全聯盟（CFSC）就推出健康街角商店網（Healthy Corner Store Network）[14]。

那麼，推動改變的主角是否可以由跨國大企業——例如沃爾瑪和特易購——來扮演呢？如果特易購願意到食物沙漠展店，沃爾瑪願意推廣在地或有機食物，是否也算符合食物正義？

有人認為，應該支持這些大企業到窮社區開店，畢竟最重要的目標是讓窮社區的居民能買到好食物。但也有人主張，不應單純只看開店的地點，而是要同時關注這家企業運作的本質，包括所提供的食物來源、供應鏈、員工的工作環境、環境和土地利用等面向，都應該一併考量。例如，沃爾瑪聲稱要提供在地、有機食品的消息，就激起辯論。知名部落客湯姆・菲爾波特（Tom Philpott）問讀者：「你認為沃爾瑪真的會透過在地和有機食物的採購，支持在地經濟，還是會照樣霸凌供應商？」菲爾波特寫道：「如果是前者，沃爾瑪就能打造一個造福更多人、而非只圖利股東的食物系統；如果是後者，那麼該企業所謂的『支持在地經濟』，也只是花言巧語的鬧劇罷了。」[15]

對沃爾瑪的質疑其來有自。長期以來，該企業就以破壞競爭者和壓榨供應商聞名，也特別擅長編造行銷語言。例如一九八〇年代中期，沃爾瑪喊出雄心萬丈的「把工作帶回美國」、「買美國貨」等等口號，賣場掛著巨幅的美國國旗，布條上寫著「沃爾瑪：讓美國繼續工作和強大」，貨架上貼著「此物過去進口，現在沃爾瑪在美國採購，替美國人創造與保留工作」的字樣，讓當時擔任阿肯色州長的前總統柯林頓也大為肯定。但實際上，沃爾瑪繼續增加來自亞洲（尤其是中國）的進口貨。一九九二年十二月ＮＢＣ《日界線》（*Dateline*）節目播出一部紀錄片，指出沃爾瑪雖然店裡飄揚著「美國製造」的旗幟，但服裝區賣的衣服其實是孟加拉一家雇用童工的工廠製造的，是該國最惡名昭彰的工廠之一。從此之後，沃爾瑪就不再特別強調「買美國貨」的口號了[16]。

當然不算！因為他們壓榨小農，破壞在地農業

從沃爾瑪與中國的關係，最能看出該企業的經營本質。所有中國出口到美國的商品中，有將近一〇％運往沃爾瑪，而該公司與中國地方政府和供應商之間的綿密關係，也代表了一種「美中合營」的型態。根據二〇〇七年的一項研究，這種「美中合營」的型態，造成美國喪失二十萬個工作機會。另外，沃爾瑪也利用自己的規模優勢，一方面壓榨美國供應商，另一方面繼續要求中國企業降價，導致中國供應商為了滿足沃爾瑪的降價要求，只好壓縮工資與放任惡劣工作環境。貝瑞．林（Barry Lynn）表示，沃爾瑪已變成「全世界最吹毛求疵的微觀管理者（之一），它的目標是全盤改變供應商做生意的方式，讓沃爾瑪可以轉嫁自己的經營成本到供應商身上。」

再加上沃爾瑪財大氣粗，當它到一個社區展店，往往可以透過削價競爭，把競爭對手逐出市場。一旦發現賺不了錢，就會掉頭就走，只剩廢棄建築物與荒地等「幽靈」或「死亡」

地產，使得該社區更形蕭條。光是一九九二到二〇〇三年，就有一萬三千家對手超市、二十五家食品雜貨連鎖企業，因為沃爾瑪而破產或倒閉[17]。

沃爾瑪是全美規模首屈一指的大企業，同時也是低工資現象的始作俑者之一。在它的食品部門，所提供的薪資和醫療福利，明顯低於其他對手超市[18]。這也是有些社區反對沃爾瑪進駐的原因，例如南加州英格伍德市（Inglewood）的工人社區，市議會於二〇〇四年就否決沃爾瑪在此興建購物廣場（預定規模有十七個足球場大）的提案[19]。緊接著，沃爾瑪在紐約和波士頓等城市開設購物廣場的計畫也遭到阻攔，全美國有多達三百個社區參與阻擋沃爾瑪的擴張（有些還不止一次），迫使沃爾瑪在美國取消了興建四十五個購物廣場的計畫[20]。

沃爾瑪採購有機和在地產品的口號，讓人聯想到它在一九八〇年代的「買美國貨」鬧劇。雖然一些規模較大的有機種植者（特別是那些工業化經營的有機農場）樂見這個新機會，但許多規模較小的有機農（沃爾瑪的確找上了較小的農場主，並向他們進貨）卻擔心沃爾瑪最後會摧毀有機農業。李察・狄懷德（Richard DeWilde）是威斯康辛州第三代有機農，他對《商業週刊》說他擔心沃爾瑪會仗著規模優勢壓低價格和傷害美國農民。「沃爾瑪有榨乾供應商的惡名在外，」狄懷德說：「我才不認為這是什麼好機會。」[21]

沃爾瑪「在地採購」的口號也同樣引來質疑。二〇〇九年在一場由沃爾瑪贊助的研討會中，就流傳著一個沃爾瑪在地食物採購計畫的故事：美國中西部一家中型農場與沃爾瑪談妥條件，獨家供應西瓜給沃爾瑪。為了達到沃爾瑪要求的數量，這家農場必須充當中間商去向幾個鄰近郡縣的中小型瓜農買西瓜。這家農場的經營者告訴出席會議的都市與環境計畫政策學會幹事凡妮莎·扎杰馮，他能弄到手的西瓜全都去了沃爾瑪，不剩一個給農夫市集和其他本地商家。但他從沃爾瑪拿到的價格，遠低於直接在農夫市集賣掉的利潤。也就是說，沃爾瑪用低價策略採購在地產品，其實反而破壞了在地食物的供銷網絡[22]。

其實，交通也很重要

對食物正義捍衛者來說，沃爾瑪爭議所凸顯的課題，是如何以最佳方式達到食物正義目標，以及相關的社區、社會和環境正義目標。在英格伍德抗爭期間，曾有人提出採用社區福利協議（community benefits agreement，簡稱CBA）進行協商的可能性，但遭到沃爾瑪拒絕。所謂CBA，就是開發商與社區團體就土地利用、拆遷、環境、工作場所狀況等議題，達成具有約束力的協議。與食物議題有關的CBA，還包括交通如何規畫、是否在地採購等其他事項[23]。

民眾「如何去超市」，是所有跟食物相關的CBA所關心的重點之一。例如，超市應提供接駁車服務，供購物達到某金額的消費者使用（通常是二十五或三十美元），已成為最常見的模式。有些城市的農夫市集，也致力於改善交通，例如老人農夫市集營養試辦計畫（Senior Farmer's Market Nutrition Pilot Program）所資助的幾個農夫市集，已納入交通規畫來增加老人取得健康和新鮮食物的機會。這個計畫於二〇〇一年確立，二〇〇九年農業部透過撥給州政府的二二四〇萬美元補助款給予實質支持。當然，相較於主要商品作物計畫或其他農業部補貼，這筆錢看來微不足道，但無論如何，對於增加健康生鮮食物的取得仍不失是一個重要的突破[24]。

此外，牽涉到農夫市集、地方政府與社區群眾三方的交通運輸方式，還有其他多種模式。例如，雀爾西（Chelsea）農夫市集與雀爾西地區交通系統（簡稱CATS），在每週六上午會專車送老人去雀爾西農夫市集；哈特福食物系統（Hartford Food System）經營的業務是食品運送服務，替生病或失能而難以取得食物的老人送貨；哈特福市還將一條主要的上下班通勤路線，設計成一條方便採買食物的路線，多達三分之一的乘客表示「順便買菜」是他們搭乘此線公車的主要原因。同樣的，在德州奧斯汀市，由於永續食物中心（Sustainable Food Center）的努力，大都會運輸局於一九九〇年代成立「買菜巴士」，使城東的低收入居民能夠更方便去貨物齊全的食品市場。雖然後來運輸局不再用「買菜巴士」的名稱，這條路線巴士仍在行駛，繼續服務乘客往返菜市場[25]。

把每一項在地種植食物，標示在收據上

其實，食品市場的經營者透過與在地農場主合作，也能扮演食物正義推動者的角色。密蘇里州堪薩斯市的伯斯食品店（Balls Food Stores），就是個好例子。

這家連鎖超市只賣優良天然家庭農場（Good Natured Family Farms）牌子的蔬果、牛肉、雞肉、火雞肉、水牛肉、豬肉、農家乳酪、蜂蜜、牛奶、雞蛋、果醬和莎莎醬。優良天然家庭農場是一個包羅眾多不同產品的所謂傘域品牌（umbrella brand），旗下產品來自堪薩斯市周遭二百英里半徑範圍內約七十五家農場。這個協力關係，創造了優良天然家庭農場創辦人黛安娜・恩丁考特（Diana Endicott）所稱的「位於食品店內，一個全年無休的農夫市集」。

伯斯食品店與優良天然家庭農場的合作，也意味著這家連鎖超市與當地農場、農夫市集和直銷農園建立起了長期的關係。於是，伯斯趁勢與「買新鮮買在地」（Buy Fresh Buy Local）宣導活動的當地辦公室合作，把在地食物變成該店的特色。在店裡消費，每一種在地

生產的食物都會標示在收據上。有幾家伯斯超市還會在週六舉辦「種植者見面會」，活動內容包括在地產品試吃、農民親自在店內迎接和招呼購物者、當地廚師教購物者如何用在地食材料理等等[26]。

此外，地方政府的政策支援也很重要。受到食物信託這個組織的啟發和指導，紐約市於二〇〇九年五月推出「擴大食物零售支持健康生活」方案，提供多項土地利用和區域劃分政策變更、取消繁瑣的停車規定和增加容積率，以吸引超市進駐低收入社區。還有二〇〇八年修訂的婦幼營養補助計畫（WIC），也是一個很好的例子，為了加強WIC成員購買新鮮蔬果的能力，店裡必須供應蔬菜水果才能繼續成為合格的WIC商家，也才能夠兌換WIC購物券。透過由都市與環境政策學會所創辦的「從農場到WIC」計畫，南加州地區的數個WIC商家啟動了試辦計畫，主打在地食物。經由這些政策的改變，為商家、購物者和農場主帶來合作的機會，奠定了人人可以取得新鮮食物的基礎[27]。

農夫市集，到底服務的是有錢人還是窮人？

至於越來越風行的農夫市集，真的是符合食物正義的供銷管道嗎？

美國最大的兩個農夫市集，都坐落在南加州濱海城市聖塔莫尼卡（Santa Monica），這兩個市集僅相隔約一英里。聖塔莫尼卡住著很多有錢人，城北有豪宅、高價餐館、欣欣向榮的娛樂業及辦公大樓。但聖塔莫尼卡也有低收入社區，就在城中區和東區。自從一九八二年聖塔莫尼卡有了第一個農夫市集以來，至今已有四個農夫市集。

其中，最大的一個市集週三上午營業，約有七十五個攤位。這一帶居民的所得較高，因此農民的銷售成績較好且價格有時較高[28]。第二大的農夫市集，每週六上午會在皮可（Pico）街區的維吉尼亞公園營業，約有三十五個攤位，攤販約半數是移民。雖然購物者也包括附近的中產階級居民，但這個市集基本上是以服務低收入居民為主，也可以說它是個成功的**橋梁市集**（bridge market）——同時服務低收入和中等收入顧客[29]。

聖塔莫尼卡週三和週六的農夫市集並存，反映了今天農夫市集在美國的複雜性。雖然這些市集為所有族群服務，也吸引到不同型態的小農，但往往被認為「品項比超市少」、「比超市高檔」[30]。事實上，回到一九七〇年代中後期，農夫市集主要是為低收入社區帶來平價、新鮮、在地的高品質食物。只是到了一九八〇年代中期，農夫市集的地點、人口結構和名聲才開始改變[31]，新市集成了廣受歡迎和重要的公共空間，既是新鮮食物的來源，也是聚會的地方。

這段時期，農夫市集也如雨後春筍般紛紛冒出，成了許多農民重要的收入來源，尤其在盛產和收成季節，往往可以提供五成以上的收入。也因此，農民們會競相爭取去消費族群收入較高的市集（因為利潤較高），而盡量避開低收入社區，這樣一來，也造成低收入社區越來越難成立新的農夫市集。安迪・費雪（Andy Fisher）研究在低收入社區成立農夫市集的障礙和可能機會時，一位市集協會主任就沮喪地說：「我們不再有把握在低收入社區組織農夫市集了。」[32]

農夫市集越來越受歡迎，人們也越來越能接受「比較貴」的價格。但實際上，很多農夫市集賣的東西價格未必較高。例如在盛產季節，即使是一向售價偏高的農夫市集，價格也常比大型超市便宜（肯定比一般小商店便宜）。更何況，農夫市集賣的東西五花八門，有些在街角商店根本買不到。但這種比較高檔、比較小眾的刻板印象仍然普遍存在，也成了在低收入社區經營農夫市集的一大障礙。二〇〇七年十一月，全國農夫市集高峰會在巴爾的摩市召開，與會的七十五人中包括農業部官員、農夫市集管理者和代表、學者及其他各種與農夫市集利益相關者。會中探討十二個主要議題，其中之一就是在低收入社區發展農夫市集[33]。

過去幾年，設立農夫市集的障礙開始被拆除。越來越多的農夫市集與 CFSC 等食物正義團體結盟，到各地診所、社區活動中心和學校積極推廣農夫市集。與此同時，農業部採行以磁卡取代食物券之後，這些農夫市集的攤販也配有攜帶式讀卡機，在市集買菜也更為方便。在二〇〇七至二〇〇九年之間，波士頓二十二個農夫市集中，接受食物券的市集從一個增加到十四個，全美國接受食物券的農夫市集在二〇〇八年暴增三四%，食物券購買金額在二〇〇八年六月和二〇〇九年五月之間增加至三七〇萬美元[34]。

ＣＳＡ模式：你來當股東，我種菜給你吃

還有一種值得一提的新農耕方式，叫做社區支持型農業（community-supported argiculture，簡稱ＣＳＡ）模式[35]。

ＣＳＡ起源於日本和歐洲，是專為保護小農而設計的一套計劃。ＣＳＡ農場的會員（也可以叫股東）要預付一筆農場運作的預估成本和農民薪資，而農民在每一次採收後，都必須將收成分給這些會員，通常是一籃當週採收的食物。如果天候不佳造成歉收，會員與小農要共同承擔損失。這套做法為小農克服了一個雖不大、但很重要的難題：價格波動。慢食運動的發起人卡羅．佩屈尼（Carlo Petrini）稱ＣＳＡ的會員為「共同生產者」，而在「吃下」食物的那一刻，算是「生產流程的最後一個階段」[36]。今天，ＣＳＡ模式在美國只有二十五年

歷史，但已展現重大成效。史蒂夫．麥克費登（Steve McFadden）寫過大量文章談ＣＳＡ，認為「ＣＳＡ已開枝散葉到社會各個階層」[37]。

ＣＳＡ的初衷，與農夫市集相似，就是提供好食物給弱勢族群。最有效達成這個目標的ＣＳＡ，是由非營利組織經營的，他們一方面提供就業機會給年輕人、培訓失業者，另一方面提供新鮮農產品給食物銀行，並讓在地農場有場地可以銷售農產品。此外，ＣＳＡ還協助農地保育工作，讓好食物的補給線不致突然斷裂[38]。

ＣＳＡ的會員組成也很多元，尤其有越來越多ＣＳＡ試圖將低收入家庭、遊民、老人等弱勢居民納為會員，有些還推出「以收入計價」的會員收費方式。與ＣＳＡ配合的農場也同樣多元，各有不同的經營方法和目標。大部分的ＣＳＡ都希望讓會員來源更廣，才能壯大規模經濟。例如，哈特福食物系統的活康ＣＳＡ農場（Holcomb CSA Farm），就與社區社會服務組織合作，提供農產品給低收入居民，尤其是殘障人士和老人、家有幼兒的婦女、失業者，二〇〇八年有超過四萬五千名居民透過該計畫獲得農產品。在華盛頓州塔柯馬市（Tacoma），大地之母農場（Mother Earth Farm）的主人凱莉．李投（Carrie Little）也創辦、改進或補貼數個低收入社區的ＣＳＡ專案。

整體來看，ＣＳＡ的成長，與農夫市集的成長相似，顯示食物種植和取得方式的確存在著更好的選擇。如同農夫市集，過去CSA供應農場現採的新鮮食物，而現在已擴大到各種以農場產品製作的加工食品，還有牛奶、雞蛋、蜂蜜、穀物、堅果、肉類，甚至魚類等食物。

把小農種的新鮮蔬菜，賣到校園裡給孩子吃

一九九五年一月，當都市與環境政策學會（UEPI）與南地（Southland）農夫市集協會坐下來開會時，討論的主題是：如何挽救嘉丁（Gardena）農夫市集？

這個有十五年歷史的市集，是洛杉磯最早的農夫市集之一，設在早出晚歸的工人階級社區，擺攤的小農們生意一直都很差。最後與會者決定推出一個「菜籃計畫」（Market Basket），居民每週付一筆錢，固定換取一籃子由參加計畫的農夫所準備的食物。可惜，實施的結果差強人意[39]。

就在這時，本書共同作者羅伯·高特里布聽到他就讀聖塔莫尼卡當地小學的女兒說起，學校午餐新設的沙拉吧「有夠爛」——生菜發黃、紅蘿蔔軟趴趴、水果不新鮮，跟他們家常去的農夫市集所賣的蔬菜水果根本沒得比。於是，高特里布靈機一動：何不讓學校成為買主，讓小農直接供應新鮮的蔬果給學校，好讓孩子們吃到「來自農夫市集的新鮮蔬果沙拉吧」？

但要落實這個構想，並沒那麼順利。聖塔莫尼卡—馬里布（Santa Monica-Malibu）統一學區餐飲服務部主任羅德尼・泰勒（Rodney Taylor）剛開始就不太買單，他抱怨：「又來了一個閒著沒事幹的有錢家長。」但他後來在開會時很喜歡講一個故事：當時，為了測試學生口味，他在一所學校進行為期一週的試辦計畫。菜單上除了有來自農夫市集的蔬果外，還特別提供誘人的披薩。沒想到，學生一面倒地選擇沙拉吧。泰勒後來表示：「當我看到學生排隊拿蔬菜水果，我驚呆了，這樣的場面徹底改變了我的觀念。我現在堅信：校園食物必須是新鮮和健康食物。」今天，他成了這個「從農場到學校」（Farm to School）模式最堅定的擁護者之一[40]。

然而，儘管為在地學校提供在地食物的好處如此明顯，要落實卻不像表面看來那麼簡單。首先，很多小農不習慣跟學校這類機關打交道，不知道學校餐飲服務有哪些相關規定。其次，很多學校也沒有適當的廚房和人力可以料理新鮮食材。再加上很多學校的餐飲服務部，往往被要求必須收支平衡（甚至得賺錢），而聯邦政府所提供的全國學校午餐計畫補貼卻不夠支付食物成本，迫使校方只好設法採購更便宜的食材。此外，很多學校根本不重視午餐，往往孩子必須花時間排隊領餐，因此巴不得孩子們能「快點吃快點走」，有些學生乾脆從自動販賣機買垃圾食物果腹[41]。

這些阻礙，使得第一個「從農場到學校」計畫要靠外部創業基金才能推動。就像農夫市集，「從農場到學校」也同樣面對不少批評聲浪。比如，有人指控這種計畫「只能造福高所得社區的學校」、「只能靠很閒的家長來當志工才會成功」等等。如果真是這樣，還能算是食物正義方案嗎？

二〇〇二年，第一次「全國從農場到食堂研討會」在西雅圖召開之時，大家已經明白答案：是的，「從農場到學校」計畫確實是一套能成功實踐食物正義的方法。從一九九〇年代末到二〇〇二年，從農場到學校計畫已壯大為四百個，接著在二〇〇五年達到一千個，二〇一〇年全美五十州都實施了這個計畫，總數超過二千個，每天服務一萬多名學童[42]。

從二〇〇二年開起，在本書共同作者阿努帕瑪．喬旭協助推動下，啟動了一個從農場到學校的倡議者和實務工作者的全國性合作計畫。喬旭移居美國前，曾經在亞洲參與類似運動，她與CFSC的瑪莉安．卡普（Marion Kalb）等其他幾位從農場到學校的倡議者，於二〇〇七年成立了全國從農場到學校網，由UEPI和CFSC人員領軍，與食物正義及另類食物相關的八個主要地區性機構都派了代表參加[43]。

如同本章所介紹的幾個實例，「從農場到學校」要成為主流也需要政策上的改變，例如協助小農與學校（或其他機構）打交道。從農場到學校的計畫已經促成了二十四個州制定及發展相關政策，包括由州政府資助的農場、學校的職位，以及直接出資創辦新計畫[44]。

推動「從農場到學校」計畫，也改變了學校餐飲服務管理人及員工看待自己角色的方式。今天，他們已經成了學校系統中的優質食物提供者。以羅德尼・泰勒來說，他已經離開聖塔莫尼卡，跑到加州更大的河畔統一學區（Riverside Unified School District）擔任餐飲服務部主任。自二〇〇五年起，泰勒開始在河畔學區複製從農場到學校計畫。如今，泰勒直接跟幾位在地小農合作，採購現採的農產品用於學校沙拉吧，並與其他公立和非營利機構合作，提供營養教育課、開闢學校園圃，以及舉辦農場參訪活動。「這些孩子現在可以吃到最新鮮的食物，都是前一晚才摘下的。」泰勒自豪地說，如果學校食堂提供的食物不好吃，「孩子怎樣都不會肯吃。」[45]

從農場到學校計畫嘉惠貧困兒童的成效，還有另一個引人注目的例子。明尼蘇達州松岬區（Pine Point）有一個美國原住民阿尼什納比族（Anishinaabeg）社區，距離最近出售農產品的食品店有三十英里遠，而族人對於傳統食物的生產和製備等知識也已經丟失了。社運人士、作家溫娜納・拉杜克（Winona LaDuke），同時也是松岬白地收復專案（White Earth Land Recovery Project，簡稱 WELRP）的常務董事，率先在松岬區推動「從農場到學校」計畫。她與五十多個本地農民、園丁和企業合作，並讓工作人員找到新鮮的替代品來取代預先包裝、充滿高果糖漿和染色劑的加工食品。新的選擇包括以永續農法種植的在地生鮮食材和傳統食物，譬如菰米、藍莓、玉米、鹿肉和楓糖漿。對於食堂食物的改變，則在文化課中從觀念加以補強。每個月的主題單元會討論一種不同的當令食物及飲食習慣，然後再把這些主題延伸到美勞作業、作文，以及歐吉布維語言（Ojibwemomin）和文化課中。每一個單元在每月一次的社區盛宴達到高潮，族中長老會與家人、學生一起享受一頓從農場到學校的美食。社區成員也歡迎到校旁聽每月一次的烹飪課，示範如何利用傳統和新鮮食材來烹飪。

計畫運作了兩年之後，家長、老師、學生和社區成員都對「從農場到學校」的活動和成效讚不絕口。學生被懲罰的頻率也減少了，或許是因為吃的食物更健康了，也或許是學校的文化改變了。松岬區的故事引起了廣大的迴響，因為全美國幾乎都有同樣的需求（美國原住民有全國最高的肥胖率，原住民土地耕種危機又特別嚴重），加上變化之大之快也令人感到興奮和信服。從農場到學校的計畫，已成為食物正義一個令人稱道的成功故事。

第 8 章

一位慢食者的頓悟

改變自己與孩子的「食物體驗」

我們鼓勵在地飲食，不僅因為在地食材健康可口，
而是因為我們相信，
吃在地食物可以幫助當地農民，替在地社區創造經濟價值，
也讓居民有另一種選擇，不必受工業化農業和全球化食物綁架。
我們主張應建立一套「在地飲食」定義標準，
避免跨國財團利用這個名詞「漂綠」——
以在地健康之名，行推銷垃圾食品之實。
我們也呼籲更多專家走入校園，
透過更多好料理，讓孩子們親近好食物。
我們支持吃多少付多少、當令、無菜單、
有機、最少食物浪費、人人負擔得起的健康飲食。

一九八九年二月，慢食運動發起人卡羅．佩屈尼前往卡拉卡斯市（Caracas）參加慢食者會議。飛機著陸時，他對接下來即將經歷的場面全無心理準備。

當時，委內瑞拉正陷入嚴重經濟衰退，數十萬的人民沒工作。總統貝雷茲（Carlos Andrés Pérez Rodríguez）被迫緊縮政府開支，以換取國際貨幣基金的貸款，卻引發了一連串街頭示威，史稱「卡拉卡斯暴動」（Caracazo），多達三千名市民遭到殺害之後，當局宣布進入戒嚴[1]。

「幸好，我們趁著機場關閉前搭機回到義大利。」佩屈尼說：「這趟旅程，讓我看到了一個現象：生態美食學（eco-gastronomy）已經抹上了菁英色彩，在某些地方成了中產階級的高級消遣。」[2]

慢食觀念的源頭可以追溯到一九八六年十二月出刊的《大紅蝦》（*Gambero Rosso*），這份飲食特刊夾在義大利左翼日報《宣言報》（*Il Manifesto*）中。刊名大紅蝦是取自《木偶奇遇記》裡一家小酒館的名字（用來勸人不要待客不周，包括「端出平淡無味的食物」），以及義大利左派共產黨人的戰歌〈紅旗〉（Bandera Rosa）。雖然這個觀念源自左派刊物，但後來卻與政治理念脫鉤，漸漸與「享受美食」畫上等號。佩屈尼曾是皮德蒙（Piedmont）地區的工會成員，他明白：慢食觀念必須走出菁英圈子，放大格局，重視「哪些人有權利享受慢食？應該慢食哪類食物——在哪裡種植、如何生產出來？」

因此，他和夥伴們在慢食的兩大訴求——「優質」（因為吃得更快樂，而跟自然及在地食物更緊密連結）和「乾淨」（因為食物以永續方式種植）——之外，還增加了「公平」這一項[3]。佩屈尼心裡十分雪亮，他明白慢食本質上與食物正義有關，應該號召人們一起改變這個既不乾淨、不優質也不公平的食物系統[4]。

在地食物不只是好吃，也可以帶動在地經濟

目前已經有很多人提倡使用在地食材來製作營養豐富的食物，因為在地食材容易取得、美味可口，也更能讓當地人對食物感恩，而成為日常飲食的一部分。那麼，食物正義與其他在地食物的訴求有什麼不同呢？

首先，食物正義重視在地食物與在地經濟的連結。許多開發中國家的農村，並沒有受到政府應有的重視，因此糧食主權的倡議者主張，應鼓勵採購在地的農產品，才能為在地經濟創造價值和永續能力。美國也有許多人發現，鼓勵購買在地種植的食物，可以提高在地小農的產能，也能促進當地社區的經濟活動，是發展社區經濟的一種重要策略。而且，吃在地食

物不僅可以幫助當地農民（及當地食品生產者與加工者），替在地社區創造經濟價值，也讓居民有了另一種選擇，不必受到工業化農業和全球化食物所綁架。

愛荷華州西北部的伍德伯里郡（Woodbury County），於二〇〇五年聘請隆・馬庫西（Ron Marqusee）擔任該郡第一任農村經濟發展局長。剛開始，馬庫西對在地食物所知不多，但很快就發現結合在地食物理念與經濟發展的好處。於是，他推動在地（及有機）食物生產減稅獎勵，並替郡政府擬定在地食物採購政策。馬庫西認為，與其把農場視為工業原料來源（譬如用玉米生產高果糖玉米糖漿或生質酒精），把當地美好的農作物送到別處的工廠，還不如鼓勵農場把產品賣給在地居民，為在地社區帶來商機。

明尼阿波利斯市十字路口資源中心（Crossroads Resource Center）的肯・米特（Ken Meter），是一位研究在地食物和社區經濟發展的研究員，他也贊成「買在地」（Buy Local）能為在地經濟加分。米特研究美國中西部一個農業區的數據發現，當地農場主每年對外採購的金額高達四億美元，而當地消費者也花同樣的金額購買非在地食物。「這表示光是跟食物有關的經濟活動，每年就至少有八億美元流出該社區。」米特寫道[5]。

除了與社區經濟連結，在地食物也應該與在地文化及社會環境連結。例如生態學家李奧帕德（Aldo Leopold）、作家溫德爾・貝里（Wendell Berry）、土地研究院創辦人傑克遜（Wes

Jackson）、永續農業運動領袖基爾申曼（Fred Kirschenmann）及麥可・波倫等人，都曾提出這樣的主張。一旦與在地文化連結，我們就可以清楚區分工業化農業與在地農業的不同，前者視土地為生產工具，而後者視農場主為土地管理人，重視生態倫理（理解土地與生態系統息息相關）。

「食物代表著一個地區的歷史及住在那裡的人，」卡羅・佩屈尼表示：「光是看一個地方所生產的食物和飲食方式，我們就可以了解世界上任何一個地方。」[6]例如農夫市集，就是觀察在地食物與當地文化的好地方。在農夫市集，消費者直接與農民互動，嘗試更多不同種類且超市買不到的食物。

幻想當小農，卻不願弄髒手的天龍人……

農夫市集的倡議者們還有一個有趣的辯論主題，那就是：農夫市集應該是一個只賣在地食物的地方，還是可以同時提供「非食物活動」（例如讓小朋友騎小牡馬等等）？

其實在地飲食有一個隱憂：到目前為止，只吸引部分而非所有社群的參與。二〇〇五年，「吃在地」（locavore，由兩個拉丁字根 locus「本地」和 vorare「吃」串成）一詞首次出現在《舊金山紀事報》（*San Francisco Chronicle*）的一篇報導後，其他媒體立刻跟進，並迅速流行起來。該篇報導的採訪記者說明他們是受到蓋瑞．保羅．納卜漢（Gary Paul Nabhan）二〇〇二年的著作《回家吃飯》（*Coming Home to Eat*）啟發，把用一整個月的時間吃在地食物的體驗記錄下來。這篇報導引起關注之後，灣區也開始流行「百哩飲食」（100 miles diet）觀念，亦即只吃一百英里範圍內生長的食物。

其實，locavore一詞所指的，並不是「優先」吃在地生長的食物，而是**只**吃在地食物。納卜漢在書中所記錄的，是他一整年嘗試在亞歷桑納州離住家方圓二百五十英里內的覓食經歷，呈現的不只是他對原住民飲食的興趣，還有他渴望吃到「這個地區的原生種食物，也就是數千年前第一個沙漠文化在此定居耕種的食物」[7]。他認為不重視在地食物，不了解原住民文化和飲食的後果，就是造成美國原住民高比率肥胖症和糖尿病的元凶。

但是今天，很多推廣百哩飲食的人卻與社會和文化脈絡脫鉤，參與的往往是那些負擔得起這種飲食方式的人。《紐約時報》就發現一個趨勢，記者稱之為「吃在地的懶人」──堅持吃住家附近生長的食物，卻無意弄髒雙手的都市人。這些中高收入家庭不會自己動手在院子裡種菜，反而是雇人幫他們種。記者指出，紐約廣場飯店還推出了一個行銷方案，向客人推銷百哩宴席，標榜菜單上的食物都來自有機農場，每客價格高達七十二美元[8]。

建立一套好標準，別讓在地、有機成了大財團的「漂綠」工具

近年來，在地飲食也成了很多跨國大企業愛用的「漂綠」工具，例如前面提到的百事公司、沃爾瑪及麥當勞[9]。「在地飲食」之所以會成為這些企業的行銷噱頭，部分原因是在地食物日益受到歡迎。食品行銷協會調查發現，將近四分之三（七二％）的受訪者說自己會定期購買在地種植的產品是因為產品新鮮，而七五％的受訪者則是因為覺得這樣做可以支持在地經濟。餐飲業協會於二〇〇九年進行餐廳顧客意見調查發現，高達七〇％的受訪者「比較可能去供應本地食物的餐廳」[10]。今天，有越來越多的學校與餐廳直接將在地種植的水果和蔬菜印在菜單上，二〇〇九年學校營養協會調查指出：「三七％學區供應在地水果和蔬菜，另有二一％學區正在考慮跟進。」[11]

食物正義關注的在地飲食，不只是食物從哪裡取得或如何種植，而是涵蓋什麼人在什麼狀況下用什麼方法去種植、收成、加工、運輸及出售，也就是所謂的**正義取向價值鏈**（justice-oriented value chain）[12]。另外，食物正義也努力建立所謂的「國內公平交易」（Domestic Fair Trade）的認證程序，將在地、有機及永續食物納入公平交易的範疇。

有關公平交易的論述，可以回溯到一九九〇年通過的有機食品生產法（Organic Food

Production Act），以及全國有機標準局（National Organic Standards Board）的成立。好幾位活躍的社會正義運動人士，包括代表東北有機農業協會的有機農伊莉莎白・韓德遜（Elizabeth Henderson）和來自國際農業前進基金會（RAFI）並擔任有機標準局長的麥可・史來特（Michael Slight），都遭到主流有機農業界一些較大業者的抵制，其中包括有機貿易協會。於是，韓德遜、史來特隨後就聯合了農工後援會（El Comite de Apoyo a los Trabajadores Agricolas，簡稱CATA）的理查・曼德鮑（Richard Mandelbaum）及佛羅里達有機種植者／品質認證服務（Florida Organic Growers/Quality Certification Services，簡稱FOG/QCS）的馬蒂・麥許（Marty Mesh），沒多久，社區到社區發展組織的羅莎琳達・吉蘭也加入了他們的行動。經過一段時間的集思廣益、審查及聯絡全球各地數十個小農團體和合作社，他們共同推出了一個稱為「農業正義工程」（Agricultural Justice Project，簡稱ＡＪＰ）的非營利組織，訂定了一套認證標準，為小農與小型食品業者開發一套自我評鑑工具。該組織為了拓展服務，曾試行過幾個計畫，評估認證的可能應用方式。ＡＪＰ最初與上中西部的幾家農場和一家食品合作社合作，又與加州的斯旺頓莓果農場（Swanton Berry Farm）合作。此後ＡＪＰ又擴展到新地區，包括太平洋西北地區、加州和東南部[13]。

一旦建立了正義取向價值鏈，而基於社會正義方法的公平交易和永續標準也實施了，食物正義就可整合進搜尋另類食物種植及可做的食物選擇之中。食物正義觀點可以確保採取不義手段生產食物的業者會受到挑戰，不論他們如何聲稱他們也偏好在地採購或支持永續。食物正義取向也提供我們一個方法，確保所有參與的人都能分享吃在地及永續食物的好處，不管是從農場到生產者，從勞工到社區，或是最末端的消費者。

可憐的受虐婦女，也應有基本的食物權

還有一個相關議題：家庭中的受虐婦女。第三章曾談到，都市與環境政策學會（UEPI）從一九九〇年代晚期，開始研究洛杉磯受虐婦女庇護所的飲食。一九九九年該組織辦了一系列的食物和家暴研討會，會中提出幾個與食物相關的方案，包括開闢自家庭院和社區園圃當成一種園藝療法、協助受虐婦女參觀農夫市集、跟她們一起烹調新鮮健康的食物等等。加州九個庇護所和中途之家，都透過專案GROW（Garden for Respect, Opportunity and Wellness的簡稱，全名為尊重、機會與幸福園地）展開食物與家暴試驗計畫。庇護所在後院開闢園圃，也取得社區的園圃土地。除了去逛農夫市集，還會邀請一位大廚到庇護所談食物及料理；有些人甚至還參加CSA計畫。園圃尤其被當成療癒的地方，一名待在庇護所的婦女說：「園

圃給了我喘息的空間。我呼吸到新鮮的空氣，心情放鬆了下來，就像重新活過來一樣。」另一個人說，園圃讓她有更多的動機重新過日子。「這是建立自尊的一種神奇方法。」一位庇護所主任如此形容 GROW[14]。

當受虐婦女吃到她們以前無法取得或不准吃的食物時，就重新建立起她們與食物及料理之間的正向關係。GROW 的最大挑戰，是大多數庇護所的受虐婦女只能短期收留安置（六到八週，甚至更短），就重新踏入外面的世界，很快就中斷了種植經驗，而且很多人也享受不到收成及吃自己所種食物的樂趣。因此，如何將此一計畫更永久性地納入庇護所的運作，目前仍是一項挑戰[15]。

儘管如此，聖塔莫尼卡的避風港（Safe Haven）收容所，仍照樣推出園圃計畫，提供長期收容的遊民另類治療及健康食物的選擇，其中還包括一些嚴重的精神病患。一位當地居民甚至主動跟避風港合作，請收容所的住民（其中幾位是長期住民）幫他闢建後院園圃。這個屋主提供了土地、種子、堆肥（蚯蚓和後院的雞糞）、水和他自己的勞力，而避風港收容所的住民則負責除草、栽植及採收，收成的一半則歸避風港所有。收容所的人外出工作時由一位拉美裔的住民帶領，他也是避風港的廚子，利用這些收成來製備餐食。「當我們有摘自園圃的蔬菜時，我總會留在這裡吃飯，因為真的好吃。」避風港專案主任路瑟・理歐爾（Luther Richert）告訴當地報紙[16]。

避風港遊民收容所及專案GROW受虐婦女庇護所的經驗，讓我們看到了料理食物的重要性。最早發現這一點的組織是總部在德州奧斯汀的永續食物中心（Sustainable Food Center，簡稱ＳＦＣ）。成立於一九九三年的ＳＦＣ，致力改善社區居民缺乏食物知識和料理技術的問題，他們推動稱為「快樂廚房」（Happy Kitchen/La Cocina Alegre）的料理及營養教育計畫，透過體驗和對話增加參與者對健康食物和料理的知識。每六週為一期，每期十五到二十人參加，大半是婦女，每週聚會一次分享食譜和特定的營養資訊，練習新的烹調技術，並學習如何把新鮮的當季農產品、全穀物和低脂動物產品用在日常的餐食裡。每堂課結束時，所有參與者會拿到一購物袋的免費食材，那是當天課堂上教的食譜材料，帶回家可以煮給家人分享。

ＳＦＣ所推的專案，重點在於傳授提高食物品質的方法；而快樂廚房之所以能成功，引導師是關鍵之一。快樂廚房的每堂課都有引導師帶領，學員在完成課程之後，再經過額外訓練就可以取得證照，在社區開課。這項做法給新加入者信心，知道自己也能學到足夠的知識去教別人。ＳＦＣ工作人員安德魯・史邁利（Andrew Smiley）認為快樂廚房是一個起點，讓社區成員能更積極參與跟食物有關的活動和專案，比如社區園圃或農夫市集。專案主任喬伊・卡斯諾夫斯基（Joy Casnovsky）則認為，快樂廚房之所以能夠成功，是因為它創造了一個舒適的社區空間，讓大家聚在廚房，「廚房裡的氣氛」營造了一個增加自我能力及充滿熱情的環境[17]。

走進校園，帶著孩子親近食物

大約在快樂廚房成立的同時，蓮恩・華特斯（Lynn Walters）也在聖塔菲（Santa Fe）推動一個類似的計畫，重點放在學校飲食及料理技術。華特斯當了很久的廚師，希望能讓學生有更好的飲食體驗。但是，當她和另兩名廚師獲准在三所不同學校替學生準備午餐時，她準備的是新鮮四季豆、黑豆和紫玉米麵包等食物，結果學生的反應讓她大失所望。「這些孩子從來沒有見過新鮮的四季豆，所以他們根本不吃。」華特斯說[18]。

不久後，華特斯聽說安東妮雅・迪瑪斯博士（Antonia Demas）專門研究食物的接受度及如何讓學生愛上新鮮健康食物，於是在廚師協會的幫助下，請來了迪瑪斯到新墨西哥幫忙規畫一項她稱之為親子共炊（Cooking with Kids）的活動。華特斯先辦了一場蔬果品嘗會，邀請學生的父母和祖父母擔任志工。「最關鍵的一點，」華特斯回憶：「是讓計畫更生動、更有趣。」今天，每年有多達一千二百個家庭成員擔任該計畫的志工，造福的孩子多達四千四百名[19]。

另一個透過料理鼓勵孩子親近食物的推廣活動，是佛蒙特州小鐵人主廚大賽（Junior Iron Chef Competition）。這個模仿美食熱門節目《美國鐵人主廚》（*Iron Chef America*）的活動，參加者都是初高中的學生，在九十分鐘內做一道菜，至少要使用五種本地的當季食材，而且必須能做為日後學校可以供應的餐點。這個比賽是佛蒙特州整個「從農場到學校」計畫的一部分，稱為日常食物教育3C法（Food Education Every Day，簡稱FEED），把學校食堂（Cafeteria）、教室（Classroom）和社區（Community）結合在一起。FEED人員艾比．尼爾遜（Abbie Nelson）表示，透過這個計畫可以提高學生的意願，去「要求家裡吃不同種類的食物」。

這個非營利組織與該州一百多個社區合作，將學校、孩童和家庭、食物和當地農場串連起來。該組織還與另外三個組織結成夥伴關係，分別是食物工作（Food Works）、佛蒙特東北部有機農業協會和謝爾本農場（Shelburne Farms），經由訓練和講習，以及提供需要的工具和資源，來協助學校、餐飲服務人員、教師和社區啟動「從農場到學校」計畫[20]。

居中促成這些綿密關係的靈魂人物，是伯靈頓學區（Burlington School Distict）餐飲服務部主任道格・戴維斯（Doug Davis）。戴維斯不僅推動從農場到學校計畫，每週還供餐給一千名老人。伯靈頓學區的學生來自講二十五種不同語言的家庭，許多還是經由國際難民安置計畫從歐洲、亞洲和非洲國家過來的人。要照顧這麼多的不同口味，既是挑戰，也是機會。在羅勒盛產時，當地的非營利組織健康城市青年農場（Healthy City Youth Farm）的年輕人、熱心的社區志工及學區的廚房員工，會一起動手做幾加侖的羅勒青醬，還用農場採收的小番茄、黃瓜、非溫室番茄和新鮮的四季豆做沙拉吧。學生也會參與這些活動，親自體驗負責供應餐食的感覺[21]。

每一個與料理相關的計畫——從佛蒙特州的伯靈頓、德州的奧斯汀、新墨西哥州的聖塔菲，到大城市紐約、康乃狄克州的小城鎮哈特福，所推動的計畫儘管名目不同，卻都是親近食物的好方法，將食用者帶往一條成為食物共同生產者的道路，明白日常所吃的食物從哪裡來、如何種植和生產。

垃圾食物太廉價，把好食物擠到貴聳聳的超市去……

我們如何評價食物，也關係到另一個食物正義謎題：食物在美國，是不是太廉價了——

或者該說，對那些負擔得起新鮮、健康、好品質食物的人來說，太廉價？

在美國，低收入社區所賣的廉價食物已成了「不健康劣質食物」的同義詞（借用伊莉莎白・韓德遜的話）。《美食學》（*Gastronomica*）期刊編輯達拉・戈茨坦（Darra Goldstein）也同意這個看法，戈茨坦認為美國人對食物品質和生產方式的鑑賞力，和歐洲人很不一樣。「問題不在於我們美國沒有好食物，而是我們被教導成相信食物不應該太貴。」戈茨坦說。「便宜就是好，又快又便宜更好。結果就是那些健康又營養的東西，最後都進了高檔店，大部分消費者買不起，留給他們買的是越來越高度加工的食品。」[22]

有些倡導好食物或優質食物觀念的人，試圖推廣 *terroir* 的概念。*Terroir* 是法文，意思是風土，通常指的是自然環境的特性，比如土壤和氣候，還有食物生產地的文化和歷史。風土概念之所以重要，是因為它把種植習慣和自然環境、食物文化、生長地方都直接連結起來。缺乏這種連結，就會像莎拉・鮑文（Sarah Bowen）和安娜・瓦連瑞拉・札帕塔（Ana Valenzuela Zapata）在龍舌蘭酒業看到的情形：跨國大集團會涉足這一行的生產和運銷，並改變耕種的方法，譬如增加化學肥料等等，進一步威脅地方農民的生計。龍舌蘭酒就是受害者，龍舌蘭酒產地的名稱「大半被跨國酒業公司占用，種植龍舌蘭的農民完全被排除在供應鏈之外……龍舌蘭作物和酒業對地方經濟和環境造成負面影響，起因就是龍舌蘭酒的地理標示，不重視龍舌蘭原產區的風土對其特殊風味的貢獻」[23]。這也就是歐盟要保護歐洲七百四十六個地區為特定食物原產地的原因，譬如帕瑪火腿和摩典那（Modena）陳年葡萄醋。這種原產區命名管制，尤以法國的AOC（appellation d'origin controlée）法定產區最為人所知。

在推廣風土意義及重要性上，已有艾美．楚貝克（Amy Trubek）和亞林．瓦塞爾曼（Arlin Wasserman）等人開始擬定一些可行的計畫。例如，協助華盛頓州外島倫米島（Lummi Island）的原住民漁民籌組合作社，銷售當地用四錨張網（美國原住民傳統捕魚方法）捕捉到的紅鮭。此外，在明尼蘇達州松岬區的白土復原工程中種植菰米，也是落實風土概念的一個好例子。在亞歷桑那州南部的原住民保留區，土哈尼奧圖社區行動（Tohono O'odham Community Action，簡稱 TOCA）組織經營了一座未認證的有機農場，栽培當地的原生傳統作物，比如黃肉西瓜、快熟玉米、褐色和白色菜豆及奧圖南瓜。TOCA 成員會把採收的農作物拿到超市和保護區對面的加油站市場出售。有了這些農場，年輕的族人可以學習到如何開闢水路、剝豆子、摘南瓜、採集及貯藏播種用種子。土哈尼奧圖的傳統文化，則透過 TOCA 農場的歌唱、舞蹈及農耕詞彙重獲新生。另一方面，營養教育、傳統食材烹調示範及試吃活動，則讓部落居民試著去接受這些原生種食物，並將之納入日常的飲食中[24]。

繼續創新，繼續改進吧！

儘管有這些成功經驗，食物生產和種植策略仍不斷在演進中。例如，當華盛頓州西部的「社區到社區發展」團體想研發以移民口味為基礎的食物種植和烹調方法時，目標就是：在保留傳統玉米粽子的同時，想辦法用當地產的甘藍菜來開發新口味[25]。根據市場研究公司國際普羅瑪（Promar International）的預測，民族風味的食物市場未來十年將會成長五〇%[26]。

再來看看泰國的情形。泰國素林省種植香米的農民組成了有機農業合作社，開發出一種帶有茉莉香氣的泰國米，運銷到歐洲和美國。對這些泰國農民來說，他們種的和他們吃的，不只是產品。「米是我們的生命，米是我們的一切。」一位泰國農民說：「吃你所種的，種你所吃的。」種水稻對泰國東北部及開發中國家農鄉地區近十億人口的永續生計非常重要，栽種歷史長達數千年的稻米，已經和種植者及食用者的語言、文化、歷史融為一體了[27]。

包括素林省在內的幾個省分的農民一起組成了另類農業網（Alternative Agriculture Network，簡稱AAN），其任務包括留存有機種子、生產當地品種、保存及擴大農業知識，並在他們的地區遍設綠色市場（green market）[28]。同時，素林省農民也跟美國的相關團體建立了連結，包括加州的一個小型有機稻農、明尼蘇達州白土復原計畫、一個泰國人社區發展組織、佛教中心，以及倡導移民傳統食物的人士，共同組成一個與種米和吃米相關的聯盟[29]。

此外，我們吃東西的方式和場所，也是食物文化的一部分。舉午餐為例，嚴格來說現在很多人都不能算是吃午餐，或者更精確的說，只能算是在吃「工作餐」——通常是快速、簡單，可以馬上填飽肚子的東西，一般人在上班時間根本不太可能吃到家裡的食物。在印度孟買，由於交通不便、休息時間有限，上班族吃午餐的壓力特別大，一種創新的方法因此應運而生。這個方法就是透過「達巴瓦拉」（dabbawallah，意思是「送午餐的人」），把家人煮好的飯菜送到工作地點，讓上班族也可以吃到家裡煮的午餐。事實上，這種送餐人的角色早在一八九〇年就有了。

每天上午，達巴瓦拉會先到上班族的家裡收取做好的便當，在午餐時間送到上班族的工作地點，然後再把空便當盒送回他家。目前在孟買，有高達二十多萬人使用這項服務。達巴瓦拉工作時，每四人為一組，以一種多段接力的方式保證使命必達。達巴瓦拉並非受雇於人，而是信託事業的股東，按比率分配信託收益。很多達巴瓦拉沒讀過多少書，但做事非常有效率，例如他們會在便當盒上用顏色代碼和標記來辨別收取和分送地點。只要有達巴瓦拉，孟買人就是世界上唯一不受交通阻礙，能夠選擇在工作場所吃自家食物的人，否則每天為了吃一頓午餐在擁擠的城市交通中來回，簡直是自找麻煩[30]。

一起吃飯和分享食物的行為，象徵著食物與文化的另一種關係。「一起吃飯」向來被視為觀察社會關係的好機會，家人同桌共餐的好處很多，可以分享當天的經歷、讓父母有機會教養孩子、成員關懷彼此、共同解決問題等等。相反的，缺乏家人共餐經驗的人，往往被認為與高危險行為有關，譬如毒品濫用、暴飲暴食等，尤其在青少年族群中更為明顯[31]。

所有文化和宗教都有某些儀式跟分享食物有關，包括送食物給需要的人。錫克教的免費食堂（Sikh Langar）就是一個例子，在世界各地的謁師所（Gurdwaras），信徒會一起動手烹調和端餐給因為飢餓上門的任何人。所有製備、烹調和清洗工作都由志工擔任，他們來自社會各個階層，通常全家一起出動。這個協力製備食物的過程，拆除了社會藩籬，透過「供養」這種在很多文化中被視為神聖的行為，教化人心。而對錫克教徒來說，這種行為還有消除種姓階級制度的意義。免費食堂的所有餐食都盡可能使用最好的食材，通常一天供應兩餐，終年不斷。二〇〇八年，為了慶祝錫克教的一個重大節日，印度楠代德市（Nanded）的一座謁師所設立的供食處，透過全國四十二間廚房連成的網絡，每天供應二十萬份餐食[32]。

此外，某些佛教教派的僧侶會每天出去化緣，很多傳統的佛教社會如泰國和日本，有些信徒仍會每天供養和尚。施捨食物的類似傳統，在印度教中也根深柢固。在很多宗教信仰裡，提供餐食給窮人是信徒的義務和責任。伊斯蘭教的「天課」（Zakat），是指本身豐衣足食的穆斯林，要把每年部分的盈餘財富用來幫助窮人和有需要的人；施與的天課越多，對施與受的雙方都能獲益越多。至於猶太教，則准許窮人拾取田裡收割後的遺穗，在安息年期間更准許窮人、客旅及奴僕分享田裡的莊稼。至於在基督教思想中，救濟貧困也是重要的教義之一。

在美國，有些地方的餐點價格是由吃的人來決定。例如有多年歷史的「世界大同餐廳」（One World Everyone Eats），就是把人人有飯吃的理念貫徹到底，付多少錢由顧客決定的一家餐廳。猶他州鹽湖城的天下一家（One World），以及科羅拉多州丹佛市的隨便你吃自助餐廳（So All You May Eat Café），店裡沒有菜單，也沒有定價。還有一家小餐館的老闆丹妮斯．席瑞塔（Denise Cerreta），從二〇〇三年開始，只供應有機食物，顧客可以選擇自己吃得下的分量，然後自行決定要付多少錢。這一類奉行「吃多少付多少、當季食材、無菜單、有機、基本消費、不浪費食物、人人負擔得起的健康餐點」等多種主張的餐廳經營模式，已經引起地方、全美國及全世界的高度關注。至於對那些不願接受施捨的人，席瑞塔也提供他們就業機會，幫他們自力更生。透過吸引經濟條件不同的顧客，這些餐廳建立了一個更強大、基礎更寬廣的食用者與供應者社群[33]。

第9章

每一個城市，都有新鮮好食物

責無旁貸的地方政府

如果食物是基本人類需求，跟水、住屋和健康服務同等重要，
為什麼所有地方政府都沒有「食物局」？

在美國，食物取得不平等的現象已經存在數十年，
很多人連在自己的社區都買不到新鮮和健康食物，
但直到今天，地方政府仍然沒有面對這樣的食物需求。

因此我們呼籲地方政府，
編列更多預算支持農夫市集、社區園圃和食物計畫。

我們也主張，學校在杜絕垃圾食物入侵的同時，
也應該同步改善營養午餐的品質。
老師們也應幫助兒童了解食物之於健康的角色，
並教導孩子們有關食物生產、運銷和消費的知識。

外頭天氣陰陰的，屋子裡的人卻談興正濃。因為就在五個月前（一九九六年四月四日），農業法案簽署生效，其中包括一條授權支援社區食物專案（CFPs）。根據這項法案，美國政府每年會提供經費，撥給那些能「滿足低收入者需求，提高社區食物自給自足能力，全面推動響應在地食物、農場和營養議題」的專案。獲得補助的團體，政府必須在九月三十日會計年度結束之前簽約撥款[1]——也就是幾週後。

就在法案簽署生效後幾週，兩位農業部官員伊莉莎白・塔克曼蒂（Elizabeth Tuckerman-ty）和馬克・貝里（Mark Bailey）就被派去監看審核補助對象的過程。他們七月一日才接到任務，七月八日就送出徵求建議書，隨後在短短幾週內組成了一個十七人的評審小組，這樣的高效率在農業部前所未見[2]。

那一天，熱帶風暴帶來的豪雨造成波多馬克河（Potomac River）洪水氾濫，包括食物倡議者、農民、學者和研究員等一行十七人涉水穿過市區，走進華府太空中心大樓的八樓會議室。這群人就是第一屆評審小組，負責審查CFP建議書。他們臨時接到通知，與兩位農業部官員一起評審約一百二十份來自不同社區食物團體的提案。雖然補助款以華府標準來看微不足道，但對申請的團體而言卻是很大的一筆資金。最後，有十三件提案脫穎而出獲得補助款，儘管金額不高，但意義不凡，象徵美國在追求食物正義的路上跨出了極其重要的一步。

其中一個獲得撥款補助的團體，就是麻州霍利奧克市的「我們的根」。當時，「我們的根」剛成立沒多久，有三座社區農園，取得ＣＦＰ補助款對它未來的成功發展幫助極大[3]。另一個拿得補助款的組織是緬因州的沿海事業公司（Coastal Enterprises Inc.），這是一家有近二十年歷史的社區發展企業，計畫推動一個結合城鄉的食物政策諮議會及新農夫市集[4]。第三個團體是食物工程（The Food Project），這是一個成立五年的組織，總部在麻州的羅克斯伯里（Roxbury），這是大波士頓地區一個族群混合的低收入街區。一九九一年，該組織開始推動一個社會改革專案，透過多個食物種植及環保計畫以縮小種族和階級差距[5]。此外，ＣＦＰ這個補助計畫也改變了部分農業部職員的想法，例如伊莉莎白．塔克曼蒂就說，參與這項計畫讓她看到「永續農業的重要性」。

人人都需要吃，卻從來沒有「食物局」，不覺得很奇怪嗎？

如果食物是人類的基本需求，跟水、住屋及醫療服務同等重要，為什麼所有地方政府都沒有「食物局」？在美國，在地食物取得的不平等現象已經存在了數十年，很多人連在自己的社區都買不到新鮮和健康的食物。然而，一直到今天，地方政府仍未能解決這樣的食物需求。

於是，呼籲地方政府成立食物相關單位，就成了食物團體倡議的焦點之一。田納西州諾克斯維爾市（Knoxville），是最早提出具體方案的城市之一。諾克斯維爾市議會在市長的支持下，提案設立一個稱為「食物政策諮議會」的新部門，並由諮議會「研擬內城食物供應策略」。一九八一年十月，市議會一致通過此一提案，翌年食物政策諮議會正式成立，被認為是城市食物政策架構最早的成就之一[6]。

還有康乃狄克州的哈特福市，也將食物政策與都市規畫結合。會有這樣的想法，主要是受研究員凱西．勒札（Cathy Lerza）的一篇報告所啟發。根據這份報告，一個社區的食物價格上漲、新鮮食物取得受限（例如哈特福的超市從十三家減到兩家）以及食物分銷系統失衡，都會衝擊當地農民的生計[7]。因此，哈特福市政府出資贊助一個新的民間組織「哈特福食物系統」（Hartford Food System，簡稱HFS），負責推動及規畫社區食物政策。在HFS的努力下，各種新計畫陸續展開，包括社區園圃、CSA專案、合作市場、食物團購及從農場到學校計畫等等。哈特福市也試辦社區兒童飢餓識別專案，結果發現有很多兒童處於飢餓狀態，於是市長指派了一個特別任務組來處理飢餓問題，成員包括HFS執行總監馬克．溫尼（Mark Winne）。接著，這個特別任務組又籌組了市級顧問委員會，性質類似諾克斯維爾的食物政策諮議會，也跟雪城、聖保羅和多倫多的食物政策諮議會相差無幾[8]。哈特福食物政策委員會提供了一個徵詢意見平台，彌補先前HFS的不足。在一九九九年的一項報告中，HFS認為由市級模式推動改革仍然存在著很大的限制，因此積極協助在康乃狄克州成立一個全州食物政策諮議會，可以更直接與政策制定者攜手推動政策改革[9]。

多倫多食物政策諮議會（TFPC）是另一個例子。成立於一九九一年的TFPC隸屬於多倫多市衛生局，目標就是希望能將食物政策與市民健康結合，推動有「公共衛生」概念的食物政策改革[10]。

諾克斯維爾、哈特福及多倫多三個城市的努力，引起了UCLA一群都市計畫研究生和論文指導老師的關注。一九九二年洛杉磯群眾暴動之後，加州大學洛杉磯分校的這群師生決定展開一項食物系統的全面調查。該調查後來命名為「改變的種子」（Seeds of Change），於一九九三年六月發表後引起熱烈討論，《洛杉磯時報》的社論也呼籲應在洛杉磯設立食物政策諮議會。

在民間團體的推動下，洛杉磯市政府後來成立了一個委員會，研議該市發展反飢餓政策的可能方法。委員會聘請《改變的種子》一書的共同作者安迪．費雪（Andy Fisher）在全市召開一系列的公聽會，討論各種食物議題（包括食物零售、營養、食物援助與食物安全網、社區園圃和農夫市集等）。最後，委員會建議成立一個顧問團，直接向市長和市議會建言，並建議此一顧問團應該包括十八名成員，分別代表反飢餓、社區食物、勞工、食物零售、宗教、學術和營養等不同領域。不同於較早成立的食物政策諮議會，洛杉磯食物安全與反飢餓組織（Los Angeles Food Security and Hunger Partnership，簡稱LAFSHP）於一九九六年成立時，就有大筆經費挹注[11]。在短短三年間，LAFSHP就提出了好幾個方案和政策建議，包括撥款支持新農夫市集及社區園圃，並選定三個低收入選區實施菜籃計畫。

然而，LAFSHP內部其實衝突不斷，十八名成員分屬不同領域，對於組織的目標始終缺乏共識，最終乾脆宣告解散，這也是為什麼洛杉磯始終無法出現更全面的社區食物政策[12]。

LAFSHP收攤幾年後，透過一場名為「正義滋味」（A Taste of Justice）的集會，食物倡議者與勞工和兒童組織代表消除了歧見，決定再度攜手合作推動在地食物運動，並成立了洛杉磯食物正義網（Los Angeles Food Justice Network）。於是，在LAFSHP解散十年後，洛杉磯食物政策諮議會再度復活了[13]。

挺身參選，也是一種食物正義運動

二〇一〇年，美國共有十幾個全州性的食物政策諮議會或同性質組織[14]。其中幾個最讓人印象深刻的改革，包括賓州推出的「新鮮食物融資方案」、華盛頓州通過的「在地農場—健康兒童法」（Local Farms-Healthy Kids Act），以及好幾個州通過的「從農場到學校」政策。

值得一提的，是立法耗時近五年的「在地農場—健康兒童法」。這個法案改變了政府採購和購買機制，補強了「從農場到學校」計畫，同時在州農業署設立一個新職位專門負責和衛生署協調，還另外增補了一個指導總監來促進和擴大這些計畫。此外，這個法案也為低收入學校訂定在地採購蔬果零食計畫，推動並設法將學校園圃併入健康零食及校園食物計畫之中。此一法案還擴大老人和ＷＩＣ農夫市集營養計畫，提供一年經費給三個「從農場到食物銀行」的試辦方案，使農民能夠提供新鮮的在地農產品給緊急供食機構。該法案也建立了一個農夫市集科技專案，在全州境內的農夫市集設置儲值卡、信用卡和提款卡設備，增加SNAP食物券領取者在農夫市集採買的機會[15]。由於影響範圍廣闊，這個法案立刻成為他州倣效的對象，許多外州議員紛紛前來請教成功之道。

食物正義的抬頭，也影響了二〇〇六年愛荷華州農業署長的選舉。當時，有機農場主丹妮絲・歐布萊恩（Denise O'Brien）出馬登記為候選人。她是婦女、食物與農業網（Women, Food and Agriculture Network）的創辦人，長期以來一直是婦女與農民權益的堅定捍衛者，在愛荷華根基深厚，認識很多從事食物、環保和勞工運動的人士。她的競選活動深入全州各選區，對她來說，農業署長的位子是推動食物正義運動的重要立足點。

她的競選主軸圍繞著三個主題：「健康農場」、「健康家庭」及「健康愛荷華」。為了凝聚強大的草根支持力量，她走訪了一郡又一郡的學校及社區組織，最後終於成功贏得了民主黨的黨內初選，迎戰另一位同樣出身農場、曾任全國玉米種植者協會會長並獲得孟山都等業者支持的共和黨候選人比爾．諾塞（Bill Northey）。選舉結果非常接近——丹妮絲輸了一萬三千票，約二%選票而已。雖然選舉輸了，但她感覺到改變已經發生了。

「很多與食物相關的團體從來沒有真正關心過選舉，也沒想過用選票來推動改革。但我清楚看到，透過選舉推動改革，會讓我們去接觸以往不會花心力去說服的人。」丹妮絲回顧她的選舉：「我們需要建立食物的民主化，我們也需要學習如何用政治活動達成目的，我們可以把競選活動當成一個組織各方力量的機會。」[16]

飲水機壞了不修，卻讓孩子去自動販賣機買飲料

二〇〇二年八月，一個悶熱、霧霾瀰漫的晚上，洛杉磯統一學區（LAUSD）董事會召開的一場會議，成了美國各州學校食物環境翻新的重大轉捩點。

原本，禁止在校園賣汽水一案是否能順利過關，沒有人有把握。將近三十年的時間，LAUSD 和全國各地學區的學校行政人員，一直都迫不及待想跟百事或可口可樂之類的企業簽訂飲料專賣權合約，把自動販賣機搬進校園。在食物正義和校園食物捍衛者的眼中，汽水是最該從校園消失的飲料。由洛杉磯家長、學生及食物正義捍衛者所組成的健康校園食物聯盟（Healthy School Food Coalition，簡稱 HSFC），在計算青少年平均一週消耗的軟性飲料含糖量之後，用等量的糖裝滿了一整個玻璃罐，然後告訴學生：「這就是你們每週喝下去的東西。」[17]

儘管少數規模較小的學區已開始實施汽水禁令，但先前尋求在州級立法的努力卻宣告失敗，包括加州、內華達、維吉尼亞、肯塔基和猶他等州都是相同的結果。鑑於反對勢力強大，部分食物正義捍衛者建議暫時不要公開推動 LAUSD 禁賣汽水，或至少不要太高調。不過那年夏季，有幾個團體（如加州食物政策倡議者、加州公共健康倡議中心）認為兩位站在食物正義這一邊的校董——金妮西亞．海斯（Genethia Hayes）及瑪琳．坎特（Marlene Canter）需要來自民間的更多支持，於是他們在召開會議之前走遍學區，隨身攜帶裝了糖的玻璃罐和越來越充分的證據，顯示汽水會造成肥胖症和相關的健康風險。開會前兩天，《洛杉磯時報》以頭版報導汽水禁令即將投票的新聞，也讓氣氛更加緊張。加州衛生署官員談到

LAUSD的汽水禁令時表示：「如果他們能在大型學區做到這件事，那麼其他學區就都能做到了。」[18]

當天，發揮關鍵作用的發言，是一位LAUSD督導透露自己是糖尿病患，而另一位醫界代表則描述汽水根本是「送糖系統」（sugar delivery system）。在學生和家長擠滿現場，而數十家媒體代表等候結果的情況下，校董會進行了最後表決，無異議通過LAUSD實施汽水禁令[19]。這項禁令後來影響了全美國，甚至其他國家。一年之內，美國有好幾十個學區通過類似決議，讓學生、家長、社區和食物正義團體受到極大鼓舞。汽水公司吞下敗仗，只好利用原來的自動販賣機改賣非汽水產品，比如瓶裝水和果汁。就連前面提到的科羅拉多泉學區和「可樂老兄」學區的官員，也在二〇〇七年與可口可樂約滿後不再續約了[20]。

雖然贏得了勝利，食物正義團體還是擔心正在發生的改革不夠徹底，未能涵蓋更多校園食物問題。於是他們又開始動員，透過新的運動在新城市、新的州及全美國推動政策改革。其中，有兩個跟食物正義相關的概念特別受到重視。首先，是「競爭性食物」不應過度氾濫。所謂「競爭性食物」指的是自動販賣機、學校合作社販賣的食品，學校不應只提供這類食品，而放棄提供那些更便宜（或免費）的食品給學生。例如有些學校的飲水機故障不修，校園裡卻可以買到一瓶賣一美元的飲用水。

把食物知識納入課程，讓學生知道食物來源

其次是更重要的一個概念：「食堂的食物」應該獲得重視。長期以來，學校食堂的食物始終口碑很差。一九九〇年代，柯林頓政府的農業部曾為食堂食物訂定一系列的營養標準，例如限制脂肪含量，但這些規定常讓學校準備餐食的部門深感困擾，因為他們往往被要求必須採購最便宜的食品，讓學校收支平衡或賺錢[21]。

對推動食物正義的人士來說，食堂食物是改革的焦點，但很多學校卻不怎麼重視。於是，用餐時總是大排長龍，沒有時間好好吃頓飯，學生當然不想去吃；然後又因為吃飯的人少，食堂收入就更差了。在很多學生眼中，食堂的食物形同「救濟食物」或「牢飯」。一份LAUSD初中生問卷調查中，就有學生說食堂食物是「超市賣剩的食品」，還有人說是「監獄供應的骯髒吃食……給我們吃是因為便宜。只要吃了，就會生病！」

話雖如此，這份調查的後續追蹤卻發現，如果把食堂食物送進教室，學生即便知道是出自食堂，也會急著吃，而且每天都會期待食物送過來。寫這份報告的克莉絲汀·陳（Christine Tran）猜想，原因可能是學生真的餓了，以及「班上同學都有吃」。但如果要他們親自到「食堂」去吃，他們卻往往寧可挨餓，或乾脆去買自動販賣機或校外的垃圾食物。食堂的

工作人員說，其實有些學生會從側門溜進來買餐，因為他們不想被同學看到自己吃食堂食物而被排擠[22]。

打從一開始發動校園食物運動時，提倡者就知道必須一方面把汽水、垃圾食物趕出校園，另一方面也要改善食堂的供餐品質。這也就是為什麼，從農場到學校的策略一推出就蔚為風潮，讓學生、家長、教師和許多社改人士都士氣大振。想要讓學生理解食物的重要性，可用的方法很多，包括營造一個安全和誘人的食堂環境、在校內開闢園圃，或在課程中排入與食物相關的知識等。

如同一九六〇年代末和一九七〇年代初的民權運動前輩，校園食物運動的提倡者不僅改變了校園食物，也激勵及培植了新一代的食物正義捍衛者。接棒的新一代如今已走向國際，希望能從其他國家的新模式取經。在義大利，校園食物肩負著雙重的教育功能，既教育學童本地傳統食物的價值，又幫助他們養成日後對食物的良好品味。比起美國，義大利政府也更大方——羅馬用於推動校園食物策略的經費平均是美國學校的兩倍；美國採最低標方式採購食品和服務，而羅馬則訂定最有利標評選辦法，整合採購價格、基礎設施和食物品質成一個單一價值評量標準。

羅馬市學校暨教育政策主任席瓦納．沙利（Silvana Sari）強調，「品質」非常重要，義大利一九九九年通過法案，強化所有公部門的餐飲服務與在地食物、有機食物之間的連結，五年之間採用有機食物的學校從七十所增加到五百六十一所。學生也不准從家裡或其他地方帶食物到學校，只能吃學校供應的餐點，自動販賣機在義大利學校根本不存在[23]。

在日本，學生也不准從家裡帶食物到學校，家長也樂意配合，因為公立學校體系會提供營養均衡的餐點。學校餐點的總成本包括食材、人力及設備，學生家長只付一〇%，其餘的九〇%則由學區負擔。在日本，校園供餐是教育體系不可或缺的一環，老師除了幫兒童了解食物與健康的關係之外，還教導他們有關食物生產、運銷和消費的相關知識[24]。

隨著校園食物運動在美國擴大和日趨成熟，義大利和日本的食物系統成了美國校園的新標竿，這是一個還有待達成的目標。

重要的不是卡路里，而是正確的卡路里

一九九九年十月，一群食物倡議者因為芝加哥 CFSC 年會而聚在一起，恰巧農業部贊助的「社區糧食安全全國高峰會：建立夥伴關係終結飢餓」也在此時舉行。高峰會與 CFSC 年會都很關心飢餓現象，但近年來彼此之間頗有心結——在部分食物正義運動人士眼中，反飢

餓團體只想要充足的食物來餵飽飢民，不顧食物內容或來源；也有人懷疑反飢餓團體接受跨國食品業金援，參與各地食物銀行的運作，有違食物正義的目標[25]。

但反飢餓一直是食物正義運動中的一股重要力量，包括世界飢餓年（World Hunger Year，簡稱WHY）、匹茲堡的正義收成（Just Harvest），以及政治立場更前衛的食物銀行等非營利組織，都已經採納食物正義做為組織架構之一，或正朝著同一個方向前進。像WHY這類比較國際化的團體，也受到了糧食主權團體的影響，把世界糧食危機歸咎於全球食物系統破壞了開發中世界的小農和在地食物系統。

在芝加哥會議上，食物正義和反飢餓團體企圖找出共同努力的出發點。其中有些路線容易商定，例如支持WIC等食物援助計畫，但其他議題雙方卻存在著不小的歧見，例如是否支持聯邦緊急食物援助計畫（如TEFAP）就立場不一。儘管如此，雙方還是形成了一個重大共識，那就是：要從經濟正義、食物自立和社區需求的角度來架構反飢餓議題，以及將大批在食物供應鏈上工作的志工，轉型為鼓吹政策和改革食物系統的潛在力量。

「對我和我的組織而言，這是非常緩慢和困難的轉變。」反飢餓政策團體、加州糧食政策維權組織的肯．海克特（Ken Hecht）說。「我們過去想給窮人更多的卡路里，現在我們發現更多卡路里不是重點，重點是更多正確的卡路里。」於是，緊急食物供應者開始關注起食物的營養品質，積極尋找在地生產的新鮮食物。其中有些食物供應團體建立起農場或社區園圃，生產自己要用的食物。例如，總部在德州的食物銀行Lubbock就闢建了一座五英畝的農場，農場裡有永續農法示範園區、青年職訓場所及CSA運作中心。一九九四年，華府的首都區食物銀行展開一個名為「從頭開始」（From the Ground Up）的有機農場專案，農場用地由切薩皮克土地信託（Chestapake Land Trust）提供，並引進遊民協助耕作，運作規模從早期五英畝擴大到今天的三十英畝。

另一項創新計畫的主導者是西麻薩諸塞食物銀行，闢建了六十英畝的農場，用以解決緊急食物供應者先前缺乏新鮮蔬菜及只能取得劣質農產品的問題。農場的規畫還包括CSA模式，用以支付農場開銷，其中半數收成則捐給四百多個地方食櫥和其他服務供應者。專案人員發現，農場不僅提供社區營造功能，也是新鮮蔬果的重要來源，但就如食物銀行執行總監大衛．夏肯（David Sharken）所言，它並未「提供低收入人口的食物保障」[26]。

在威斯康辛州的綠灣市，一些緊急食物倡議者打算闢建溫室菜園等社區園圃，幫助大量的苗族人口——當地最缺乏食物保障，卻也最懂得生產食物的人。在底特律，好幾個民間團體聯合成立了園圃資源計畫，提供資訊和資源給當地社區及那些想自己種東西吃的本地人。該計畫也協助創建了羅曼諾斯基農場公園（Romanowski Farm Park），一座以五英畝農場為特色的公園。這些努力，包括湯廚的大地工程園圃（Earth Works Garden）計畫，最重要的成果也許是發展之前談過的園圃群聚，讓同一地區的小規模栽種者有更多的交流與合作，並增加都會型種植人口的數目[27]。

在一九九二年洛杉磯暴動之後，南洛杉磯鄰近洛杉磯食物銀行的土地上，誕生了一座十四英畝的大型社區園圃。這塊地過去產權複雜，原本打算興建一座垃圾焚化爐，後來計畫取消，反而成了洛杉磯市最大的一座社區園圃。這座園圃後來定名為南中農場（South Central Farm），由三百五十名拉美移民負責種植，被譽為名副其實的綠洲；以及如同都市規畫師詹姆士．羅哈斯（James Rojas）所形容的，是充滿異國風味的「小拉丁村」（mini-pueblo）。幫這個園圃拍攝寫真集的攝影師唐．諾馬克（Don Normark）曾說：「生活在植物中，是十足的恩典。」可惜的是，由於政治操縱及土地用途決策，南中農場於二〇〇六年遭到剷平，也讓我們見識到隱藏在反飢餓行動背後的政治影響力。

此外，還有正義收成。這個設於匹茲堡的非營利組織，最初是一個反飢餓行動聯盟（Hunger Action Coalition）的地區性衍生組織，而今天它已經成長為一個重要的反飢餓團體，以爭取食物正義為目標，有政策平台可以連結貧窮和飢餓議題。其共同創辦人肯．里格（Ken Regal）談到組織的做法表示：「我們希望把食物提升為政策議題，讓大家知道食物與貧窮及社會正義息息相關，而不是大多數人所認知的，只是一個吃什麼的糧食消耗問題。」這個組織多方涉入各種社會運動及計畫方案，包括促使學區推行早餐計畫等等。當食物零售業棄守貧窮社區，這個組織也設法幫助食物券的領取者到農夫市集採買食物[28]。「我們認為自己的角色是創造改革的支持者，」里格和他的同事瓊妮・拉賓諾維茨（Joni Rabinowitz）說起他們的工作：「包括更深入去了解目前存在著哪些障礙，阻止我們邁向一個更平等的制度，一個更公平的社會。」[29]

結語

公平對待每個環節，我們才能獲得好食物

食物正義不是小眾，是大眾！

食物正義的概念，是簡單而直接的：
公平對待食物系統中的每一個人——
不論是生產者、農工、加工者、勞動者、食用者或社區居民，
尊重食物的種植方式和地點——
這是關懷土地、空氣、水、動植物，與自然共存共容的環境倫理。

從沃爾瑪到孟山都，從麥當勞到肯德基，跨國食品業者為了因應這場變革，會研擬出新論述模糊食物正義的改革焦點。面對這股威脅，食物正義捍衛者該怎麼辦？

我們認為，要讓改革實現，食物正義團體必須擴大影響範圍，並找出最可能達成三大目標的方法：

首先，影響現有的食物團體，幫助他們透過行動團結成一個社會改革運動；
其次，提出改革議程，轉變食物系統結構，並指向更長期的改革理論；
第三，與全球社會運動串連，以建立更正義、更永續的社會，推動另類全球化。

剛開始只是一個念頭，不是什麼運動。

二〇〇八年一月，美國總統大選正準備起跑，聯合國世界更美好基金會（Better World Foundation）舉辦「上任第一天」（On Day One）競賽。食物正義的老將羅傑・杜瓦倫（Roger Doiron）所創建的國際廚房園丁（Kitchen Gardeners International，簡稱KGI），提出一個名叫「吃景觀」（Eat the View）的計畫參賽。該計畫的構想，是在白宮草坪開闢園圃，種上各種蔬菜供應白宮日常所需，吃不完的再捐給當地的食物銀行。

剛開始提出這個構想時，其實沒有獲得太多的支持。但KGI後來決定將這個構想變成一場運動，開始發動支持者，要大家協助推廣。很快的，「吃景觀計畫」就在競賽中脫穎而出[1]，《華盛頓郵報》、《紐約時報》都報導了這則新聞。但最有效的宣傳管道要算是社群媒體了，相關的影片在YouTube流傳，計畫內容也在臉書被廣為分享，許多部落客幫忙散播消息。全國各地的食物倡議者很快就注意到這個運動，到十一月大選投票時已經有七萬五千人連署，大選過後又多了數千人[2]。

二〇〇九年一月，歐巴馬總統就任在即，吃景觀運動的電郵和線上請願如潮水般湧進白宮。後來，蜜雪兒的幕僚長潔姬・諾里斯（Jackie Norris），把訊息轉達給第一夫人，三個月後，蜜雪兒啟用了白宮園圃，她的家人就站在她身邊，白宮助理主廚山姆・卡斯（Sam

Kass）在旁指點[3]。這場運動空前成功，「藉由催生白宮菜園的過程，」杜瓦倫說：「這塊地成了全美國最有象徵意義的地景，證明有機菜園可以出現在任何地方。」

公平對待食物系統中的每一個人

白宮園圃是這場優良食物革命的一個轉捩點，杜瓦倫認為，優良食物運動必須民主化、在地化，並大幅擴張到低收入都會街區，才能真正將觸角伸進每個社區。杜瓦倫展望新的園圃活動，將會逐漸在各種不同社區自然生根。今天，KGI的成員多達五千人，他們希望透過所謂的廚房園藝（在任何可能地點自耕自食）來推動永續食物系統。

食物正義的概念，是簡單而直接的：公平對待食物系統中的每一個人，不論是生產者、農工、加工者、勞動者、食用者或社區居民；尊重食物的種植方式和地點，這是一種關懷土地、空氣、水、植物、動物的環境倫理。

雖然擁抱食物正義的團體形形色色，組成分子和重視的目標不同，但對於我們最初提出的定義有共同承諾：食物系統要平等和公平，在種植、生產、供應及食用各方面都要用一種不同於往常、更公正且永續的做法。

食物正義既是在地概念也是全球概念，從食物權到支持在地食物系統，都吻合了農民之路所提出的糧食主權六大支柱。它強調食物的社區價值，而非商品價值。它為另類食物主張帶來一個重要的新面向，強力證明這不是什麼小眾訴求。食物正義捍衛者指出，另類食物主張可以也應該涵蓋所有人，直接關注強勢食物系統的不公不義。在此同時，食物正義也為其他社會運動和社會正義團體帶來一個重要啟示，讓這些團體了解，不論爭取的是工作場所、住屋、交通及環境方面的改革，其實都脫離不了食物議題。秉持食物正義的精神，我們可以非常具體地發現什麼是錯的、有哪些人直接受害，以及如何改變等等。

接下來，讓我們簡單總結一下幾條改革的路徑。

食物正義與在地種植和生產

食物正義之路從農場出發，朝多個方向開展——走到加工和製造工廠，也走到城市裡的土地。食物正義主張用更永續的方法種植食物，包括但不限於有機方法。食物正義支持小型家庭農場和他們居住的社區，並提倡食物在地種植做為政府糧農策略的核心。我們認為，必須支持農工為永續生計和平等而奮鬥，必須保護土地、水和空氣的健康，要讓知更鳥和金絲雀歡唱不輟，就要起而對抗工業化種植和生產食物的禍害。我們要提醒世人，關注食品加工廠的駭人工作環境，保障工人權利。

這些倡議，過去原本都由不同的重要團體領導，但這些團體未必彼此相關。今天，食物正義為這些屬性不同的團體帶來了一套共同的論述基礎。

食物正義與在地優先

近十年來，購買和食用在地食物的主張受到大眾肯定，並得到總統背書，白宮草坪開墾成有機菜圃，蜜雪兒．歐巴馬大力鼓吹吃健康、吃在地。

但是，就像過去跨國食品業者標榜「有機」，卻反而混淆了「有機」的性質和價值一樣，我們也要面對一個問題：究竟需要什麼要件才能真正構成「在地」食物呢？眼前就不乏渾水摸魚的情況，沃爾瑪的在地策略和促銷在地洋芋片就是很好的例子，讓我們看到這些跨國食品業者企圖染指「在地」二字的商業利益。

跨國企業利用「在地」二字「漂綠」，使得許多提倡在地食物的人士左右兩難——百哩飲食運動就是在地嗎？縮短食物旅程，以「距離食物來源的里程數多寡」來定義在地嗎？此外，我們應該鼓勵的是「只」吃在地食物，還是「優先選擇」在地食物呢？

食物正義可以幫我們釐清「在地」的真正含意，但這只是挑戰之一，更大的挑戰是：如何幫我們的飲食轉型，改變食物的來源、種植和生產方法。支持在地食物系統是食物正義的核心目標，而且被農民之路明訂為糧食主權六大支柱之一，定位為全世界食物運動的一個目標。但食物正義要落實優先選擇在地種植食物的主張，必須將勞動條件與種植、生產食物的方法納入考量，而且要關注食物在「哪裡」供應和販售，以及「如何」供應和販售。

此外，所謂的「全球」食物（所有從遠地進貨的食物）也是食物正義關注的重點。著名的生態及環保運動家范妲納．希瓦（Vandana Shiva）關於「生活香料」（spice of life）貿易的觀點，就符合食物正義的主張。「香料生長在非常獨特的生態系統，」希瓦表示，因為它們「量少而價高」。例如在印度卡納塔克邦（Karnataka），荳蔻和檳榔只種植在小塊土地上，容許其他多種作物並存，也不違背在地永續經營。希瓦指出，已經存在好幾世紀的卡納塔克香料園，是「一種適合跨國貿易又不被跨國貿易摧毀的耕作模式」。希瓦說：「只要能夠豐富施與受雙方的生活，就是合乎正義的貿易。」[4]

食物正義與環境

食物正義完全支持環保人士奉為圭臬的信條——在地行動，全球思考（act locally, think globally）。當食物經由工業系統生產出來，透過全球供應鏈分銷時，用於食物生產、加工和運送的所有投入會對環境產生巨大的壓力，造成土地、空氣、河川和溪流污染，施加沉重的負擔於農工和其他食物生產者身上，壓垮他們的健康。當食物跨越國界和海洋進出口時，留下的環境足跡大幅增加。長程和跨國運輸，所使用的船舶、卡車、飛機和火車會排放出大量的污染物質，然後燻蒸設備再使用劇毒物質來消毒進口的農產品。跨國農藥循環（pesticide treadmill）效應也跟農產品進出口有關，美國本土禁用的物質最後會含在農產品裡再運回美國，同時還持續毒害使用該農藥的他國種植工人。

食物正義將環境議題與食物議題結合在一起，提出一套有系統的改革方案，為農民、工人、河川和溪流及都市居民，提供「友善環境」（pro-environment）的替代方案。我們認為，農地流失與城市的開發壓力有關，一旦都市周遭的農地遭土地開發計畫破壞，想落實可行的在地食物系統和永續都市環境的可能性就會大大降低。結合環境正義和食物正義至關重要，但僅在環保架構內來討論食物議題，無法全面顧到食物正義要解決的議題和衝擊。環境不只是食物正義的重要部分，而是不可分割的一部分。

食物正義與經濟發展

食品業和食物系統整個加起來，所雇用的人數多達數百萬。投資社區經濟發展，可以幫助社區改善食物系統，提供就業機會。食物正義所關注的範圍包括：市場設在哪裡、食物在哪裡加工、如何加工？農夫市集、社區園圃、食品加工廠及其他形式的在地食品生產，可以如何成為社區經濟發展策略的一部分？它們應該設在哪裡，又該如何設立？

食物的販售地點——包括大賣場、超市、小店或餐廳，也是食物正義關心的議題。我們鼓勵在低收入社區開設食品市場、保障生活工資，並且設法改善工人在加工廠、餐廳和商店的處境，擴大在地食物生產規模做為經濟刺激因素，替農場勞工創造更人性、更公平的工作環境。

食物正義與新鮮健康食物

食品零售店可以提供低收入社區亟需的新鮮又健康的在地食物，也可以供應不那麼健康、高度加工、負擔不起或文化不相稱的標準化食物產品。在連鎖速食店的帶頭下，今天許多餐廳把外食餐點變成了分量大、卡路里高的巨無霸。此外，我們也關注零售店和餐廳所提供的工作保障、工資，以及這些商家與社區的連結。食物正義的捍衛者企圖分進合擊解決問題，找出受食品業經營方法影響最大的問題，然後聯合其他不同團體和支持者一起解決。

食物正義與料理食物和用餐

料理食物是技藝也是享受，但如卡羅・佩屈尼所言，這種樂趣通常只保留給少數人，而非人人可得。自一九五〇年代以來，速食、垃圾食物和食品加工革命已徹底改造了我們如何吃和吃什麼的體驗，減少我們與食物的連結，也弱化了我們的食物知識與樂趣。高檔餐廳使用在地和有機食材製作的晚餐，只強化了人們對於在地和健康食物是「有錢人玩意兒」的看法。我們主張，如何煮得好和吃得好有很多不同做法，每個人都可以擇一而行，從中享受到樂趣。

食物正義與公眾健康和營養

食物正義也關注公眾健康和營養。透過鼓勵吃健康的食物，比如新鮮水果和蔬菜，我們提醒消費者健康食物為何能防範相關疾病。在這方面，食物正義要考慮的層面，包括吃什麼健康食物、生產哪種健康食物以及去哪裡買，還有這三者之間的連結。今天，專門生產高脂、高鹽、高糖、超大分量食品的業者，瞄準低收入社區的消費者，因為這些人缺乏管道取得負擔得起、健康又新鮮的食物，也惡化了普遍存在的健康差距。因此，除了生產新鮮、健康又營養的食物，食物正義也主張必須關注哪裡可以取得及如何吃到健康營養的食物。

食物正義與飢餓

食物正義也關心飢餓議題。飢餓現象始終存在，而且驚人的是這個現象還與肥胖危機共存——吃不飽的人中，居然也有肥胖者。

我們認為，現行的全球食物系統沒有能力有效滿足人們對食物的需求。今天，我們的緊急食物系統，顯然無力應付巨大的食物需求。食物正義認為，反飢餓運動必須把食物當成基本人權來爭取。唯有如此，飢餓問題才不會被歸為個人問題（例如是自己不夠努力，才會沒飯吃），而是整個食物系統和結構的共同問題。這個觀點，也讓食物正義同時關注社經地位不平等、貧富差距日漸擴大，以及窮人與遊民增加等更廣泛的議題。

食物正義與種族、族裔、階級和性別

種族、族裔、階級和性別，一向是食物正義關注的焦點。過去與食物議題有關的團體或組織所努力解決的爭議性議題，幾乎都與階級、種族、族裔和性別問題有關。這些議題包括食物系統改革的目標和策略、應該在哪裡組織及如何組織才能引起變革，以及由誰來促成變革等等。另外，其他相關的議題還包括移民農工的地位、土地權、傳統農業知識的維續，以及人民有權要求一個供貨齊全的食品市場等等。食物正義希望這些議題不被忽視，能讓更多

團體加入食物運動，同時把焦點放在食物系統所需要的全盤改革。

食物正義與食物人權

食物是基本人權，長久以來這一直是全球食物正義捍衛者的核心主張，尤其是發展中國家。多年來，像世界人權宣言、聯合國糧食及農業組織章程等無數的國際宣言，都把食物列為基本人權，也都將食物權跟消除貧窮和飢餓的目標整合在一起。

全球的飢餓問題與小農場迭遭破壞有關，事實上，全球近半數的挨餓人口都是小農戶。「食物是基本人權」與「零飢餓目標」之間的關係，在一九七四年聯合國世界糧食會議中曾明文宣告，但這個立場卻遭到美國貿易談判代表和美國派駐各種國際組織代表的破壞，他們企圖改變食物是基本人權的論述。在二〇〇二年聯合國世界糧食高峰會上，美國代表還企圖把「基本人權」用語改成「目標」或「願望」。此外，美國也反對把任何肯定個人或社區擁有食物權的措辭，放進任何的貿易協定。例如，美國在一九九六年世界糧食高峰會上表示，任何國家的糧食政策都必須著重於促進私有市場（非政府主導），以及一個通往全球市場的貿易環境[5]。

全球食物權是食物正義的一個重要論點。眼見市場導向的全球食物系統無法滿足人類的核心權利，食物正義主張把食物與環境、食物與健康、食物與勞工、食物與飢餓，以及食物如何種植、生產、取得和食用等等不同論述匯集起來，統統放進一個正義的架構之內。因此，食物權所牽涉的議題，還包括了食物的永續生長、食物的在地種植、優質食物以及公平食物。

食物正義團體今天面臨的挑戰是：這是一個運動嗎？食物權和食物正義的相關論點能否讓大家組織動員起來，進而開始行動？食物權是強有力的象徵，但它單打獨鬥時，只是在一籃子強調強勢系統無法滿足食物權的論點上再加一個而已。食物正義就像一盞明燈，可以照亮把象徵化為行動的那條道路。如果食物正義團體能變成食物正義運動，並和其他社會正義運動結盟，改革就會成為既可能又勢在必行的事。正如糧食主權團體所言，除了一個不正義的食物系統之外，我們有什麼可損失的。

三大目標……可能實現嗎？

所有與食物正義議題相關的團體或組織，今天都處於一個關鍵時刻。無論是在層級上或政策上，他們都已帶來引人矚目的改變。不過，這些團體目前仍不確定這些勝利將來能通往何處，一個全面的食物系統改革理論又該如何進一步發展才能形塑未來的行動和計畫。

一個擺在眼前的更大障礙是：跨國食品業者開始對已經發生的變化做出回應。零售業者（如沃爾瑪）、農藥和農企業（如孟山都）、速食業和垃圾食品業者（如麥當勞和百事公司）以及垂直整合業者（如泰森食品），都察覺到這些新挑戰，勢必會提出一套新論述來先發制人，模糊食物正義的改革焦點。面對強勢的全球食物系統無遠弗屆的影響力，以及主要業者必然有的回擊，食物正義捍衛者都應該思考：改革，真的能發生嗎？

要讓改革實現，食物正義團體必須擴大影響範圍，並找出最可能達成三大目標的方法：（一）影響現有的食物團體，幫助他們透過行動團結成一個社會改革運動；（二）針對食物系統的結構化轉變提出改革議程，並指向更長期的改革理論；（三）將他們的主張和目標與美國和全球的其他社會運動串連在一起，以建立更具社會正義、更永續和更民主的社區和社會，並推廣到全世界，達到另一種全球化的目標。

第一個目標「建立社會改革運動」是可能實現的，因為食物正義的理念正在快速成長及擴散，各種議題不斷被提出，也吸引了越來越多的年輕人投入，為食物運動帶來新熱情、新能量和對變革的渴望。

第二個目標「提出和推進結構上的轉變」與發展更長期的理論，就比較難掌握。尤其美國一直都是改革的墳場，特別是在食物領域，一來是因為主要的支持團體（包括以農工和小農為主的組織、工會及窮人）所發起的運動通常都缺乏實力，二來是因為缺乏像綠黨或社會民主黨那樣的政治力量。不過，二〇〇八年在農業法案修訂過程中所引發的辯論，倒是可資借鏡。在那次農業法案的立法過程中，有一個值得注意的變化——討論食物時所使用的語言和觀念跟過去不同了，這一點在未來辯論和即將來到的政治鬥爭中或許能派上用場。

語言和觀念使用得當可以促成改革，這呼應了義大利共產黨領導人安東尼奧・葛蘭西（Antonio Gramsci）曾說過的「立場之爭」（war of position）。也就是說，公民社會行動者藉著改變公眾的論述方向，為更深度的政治、制度、經濟、文化和政府改革打下必要的基礎。因此，食物正義的新語言可以幫忙形塑行動計畫，而這些行動計畫回過頭來又能推動更多改革。

至於第三個目標——納入範圍更大的社會改革運動。乍看之下，這個目標似乎最難達成。環境、交通或經濟等各種針對性強的社會運動團體之間往往缺乏橫向聯繫，食物團體的內部也存在著這個問題。但這也正是食物正義能夠發揮力量之處，因為食物議題深深嵌在我們的日常生活經驗裡，食物路徑（食物在哪裡，如何種植、生產、取得和食用）貫穿許多領域，透過食物正義的語言，可以在不同組織之間建立起跨領域訴求和連結。

另一個美好的食物新世界，可望成真

阿尼姆．史帝爾（Anim Steel）加入非營利組織「食物工程」時，才剛大學畢業不久，他特別受到這個組織的吸引，因為它從事的是社區發展，也因為它非常努力結合不同階級和種族背景的年輕人，共同為食物正義運動奮鬥。在象牙海岸和美國東岸成長的阿尼姆是個混血兒，母親來自迦納，父親是美國人。當他開始在食物工程的新商用廚房工作，為「社區供應好食物」時，阿尼姆開始認同後來成為他在食物運動中的那個特殊角色。

那一年是二〇〇二年，當時食物工程因為拿到社區糧食專案補助款已顯著擴張，轄下的青年組織工作和領導人才培育方案也為它贏得全國名聲。三年前，食物工程曾和其他團體聯合創立了一個以青年為中心的社區園圃網絡，叫做「改革扎根」（Rooted in Change，簡稱RIC）；但三年後的今天，食物工程決定脫離RIC，並應家樂氏基金會之邀，創立一個讓年輕人參加基金會的年度食物集會方案，和全國各地許多食物團體和倡議者共聚一堂。

這個新方案叫疾風（Building Local Agricultural Systems Today，簡稱BLAST），創辦宗旨是連結年輕人與食物種植議題、關懷土地，以及挑戰嚴重不公的食物系統。此方案一提出即獲得成功，吸引許多年輕人（特別是大學生）加入。「我們開始了解年輕人的力量。」阿尼姆．史帝爾回憶疾風最初幾次的集會[6]。

疾風團體中包括高中生和大學生，兩個學生群的互動讓疾風組織者大開眼界。「我們彼此鼓舞，大家互相尊重，知道自己可以從每個人正在做的事學習和得到靈感。」史帝爾回憶。後來，他們又成立了一個叫「真食物挑戰」（Real Food Challenge）的新團體，初始目標是改變美國大學的食物系統，希望到了二〇二〇年所有大學供應的食物有二〇%的在地採購。在此同時，「真食物挑戰」也試著培養一群食物正義幹部的新力軍[7]。

史帝爾說：「我不斷收到年輕人的電郵，他們受完我們的訓練後，寫信跟我說，他們的生命改變了，他們發現了自己的使命。」他發現，真食物挑戰已經在很多學校生根發芽了，成功扭轉了學校的飲食環境，使更多人覺悟食物是整個社會、政治、環境、健康和社區議題的核心。如同紐奧良的學生自發性組織「反思者」，真食物挑戰行動者也相信，自己是改變的觸媒。「我們感覺得到自己的能量，」史帝爾說：「我希望四十年後人們會說，是當年那些年輕人的努力才有今天的改變。」

差不多就在史帝爾搬到華府定居之時，諾瑪．弗洛雷（Norma Flores）正在田裡工作。從九歲到十二歲的那些年裡，她在德州包裝洋蔥，在印第安納州摘蘋果，在密西根州割蘆筍，在愛阿華州的玉米田裡（包括孟山都擁有的田地）辛勤勞動。諾瑪開始下田時還是個小學四年級的孩子，她的四個姊妹也一樣。她是第三代農工，雖然全家都是美國公民，都在德州出生，還是得持續往來於美國和墨西哥之間，要搬到哪裡，全由作物的生長時間來決定[8]。

在田間成長意味生活艱苦，諾瑪和家人的居住環境一直很差，例如在印第安納州時，他們住在一間擠著十五到二十人的破爛房子裡，廁所在一百碼外的戶外，淋浴間在地下室，有時會發現蛇在牆上爬，老鼠在腳下跑。

工作的農場環境更糟，整整一天都頂著烈日工作，有時還沒有水喝，或喝在田裡擺了幾天的水。廁所遠在半英里外，還不能隨便停下來休息，因為工資是按件計酬（比如一大袋洋蔥六十美分）。她聽說有農工在田裡被噴灑到農藥，一架飛機不顧他們在場，就這樣從空中灑農藥。她還記得父親驚恐的聲音：「出去！快跑，跑到田外面去！」她不曾聽過父親如此害怕的聲音。後來有人告訴他們，那是意外，飛機灑錯了田。不過從來也沒有人來問他們是否平安無事，也從未提供醫療照顧。

那次事件後，諾瑪的父母決定不讓她們姊妹一輩子留在田裡。教育是首要之務，即使必須在星期五下工後，開車從印第安納州到德州才能趕上下週一的課。像諾瑪這樣的農工學生也經常被告知，他們在一所學校另外選的課，拿到德州學校不算學分。因為流動的工作型態，她必須在德州繼續學業，而這種工作型態有時會迫使她缺課一兩個月。有位教師告訴她，再這樣缺課下去，她會被自動當掉那門課。

諾瑪格外用功讀書，成績也很好，她的姊妹也一樣。她很快獲邀到一些小團體演講，也到全國性的大會議場講述她的故事，喚起人們對農工處境的認知。她讀完高中後進了德州大學泛美分校（Texas-Pan American），攻讀物理和數學，並夢想成為航空工程師。但最後她決定轉換跑道，改讀溝通技巧。畢業後有一次她受邀在二〇〇八年家樂氏食物與社會集會演講，阿尼姆．史帝爾帶領的學生們也在那裡開會。

本書作者阿努帕瑪．喬旭也參加了二〇〇八年家樂氏的那場集會，也記得她和數百名在場的食物行動人士如何被諾瑪的故事感動和啟發；而諾瑪自己也因那次經驗徹底改變。「當我講述我的故事時，我看到大家都聽得很專心。」諾瑪說：「我知道我渴望把我的故事、我姊妹的故事講出來。沒有人真正了解在田裡工作和我們所經歷的一切，對一個孩子有何意義。」家樂氏會議組織人也被諾瑪打動，請她加入次年的會議策畫委員會。諾瑪開始意識到，機會之門正在眼前打開。

隔年夏天，農工就業培訓計畫協會（Association of Farmworker Opportunity Programs，簡稱AFOP）提供諾瑪一個職位，這個新工作是為農工提供就業訓練、農藥安全資訊，以及對諾瑪來說最重要的：爭取農工權益。AFOP從一九九七年為農地兒童運動（Children in the

註

前言　從糟糕的校園飲食現象說起

1. Jane Wholey, personal communication, July 27, 2009.
2. Ashley Nelson, “Kids Rethinking New Orleans' Schools,” in *A Katrina Reader,* August 1, 2006, http://cwsworkshop.org/katrinareader/node/71.
3. Susan Stonich and Isabel de la Torre, “ “Farming Shrimp, Harvesting Hunger: The Costs and Benefits of the Blue Revolution,” Institute for Food & Development Policy, *Food First Backgrounder* 8, no. 1 (Winter 2002), http://www.foodfirst.org/en/node/54.
4. Judy Walker, “Students Test Recipes to Change Their Own Lunch Menu in a Fresh, Local Direction,” '*Times-Picayune,* June 11, 2009, http://blog.nola.com/ judywalker/2009/06/students_test_recipes_to_chang.html ；Jane Wholey, personal communication, October 6, 2009.

第1章　來，一起去農村走走！

1. 廣播史學者 Erik Barnouw 說，默羅的紀錄片刻畫流動工人困境「太過生動，以致很多人乾脆否認這是事實。這種貧窮和人性腐蝕很難融入電視黃金時段所呈現的世界」。Erik Barnouw, *The Image Empire: A History of Broadcasting in the United States from 1953* (New York: Oxford University Press, 1970), 180.
2. Randy Shaw, *Beyond the Fields: Cesar Chavez, the UFW, and the Struggle for Justice in the 21st Century* (Berkeley and Los Angeles: University of California Press, 2008), 91.

3. "The Candor That Refreshes," *Time,* August 10, 1970 ·· Mark Pendergrast, *For God, Country and Coca Cola: The Unauthorized History of the Great American Soft Drink and the Company That M akes It* (New York: Charles Scribner's Sons, 1993), 300.
4. Eric Holt-Giménez, "The Coalition of Immokalee Workers: Fighting Modern Day Slavery in the Industrial Food System," Institute for Food & Development Policy, *Food First,* March 12, 2009, http://www.foodfirst.org/en/node/2389.
5. Josh Rosenblatt, "Buy Some Stuff, Enslave Somebody," *Texas Observer,* December 27, 2007, reprinted on *AlterNet,* http://www.alternet.org/workplace/71173/.
6. John Bowe, "Nobodies: Does Slavery Exist in America?," *New Yorker,* Annals of Labor, April 21, 2003; John Bowe, *Nobodies: American Slave Labor and the Dark Side of the American Economy* (New York: Random House, 2007).
7. Coalition of lmmokalee Workers, Campaign Analysis-CIW Campaign for Fair Food and SFA "Dine with Dignity" Food Service Campaign, http://www.sfalliance.org/resources/09CampaignAnalysis.pdf
8. Varden Fuller, *Hired Hands on California's Farm Fields: Collected Essays on California's Farm Labor History and Policy,* Giannini Foundation Special Report (Davis, CA: Giannini Foundation of Agricultural Economics, June 1991); Richard Walker, *The Conquest of Bread: 150 Years of Agribusiness in California* (New York: New Press, 2004), 72.
9. Fuller, *Hired Hands in California's Farm Fields,* 56.
10. General Accounting Office, *Child Labor in Agriculture: Changes Needed to Better Protect Health and Educational Opportunities,* GAO Report no. GAP/ HEHS-98-103 (Washington, DC: General Accounting Office, August 1998), http://www.gao.gov/archive/1998/he98193.pdf; Kandel, "Profile of Hired Farmworkers. "
11. Don Villarejo and Marc Schenker, "Environmental Health Policy and California's Farm Labor Housing," 'John Muir Institute for the Environment, University of California, Davis, October 1, 2006, http://agcenter.ucdavis.edu/ Announce/Documents/Env_Health_Pol.pdf; Wells, *Strawberry Fields,* 211-212.

12. 兩位導演 David Davis 和 Josh Hanig 認識本書作者之一，親口告訴筆者拍片經過。這部紀錄片也確認本章討論事件的來龍去脈。該片於一九七九年發行，之後繼續被環境和勞工運動者拿來放映，他們認為拉斯羅普廠的故事仍然對職業和環境曝險議題具有意義，包括與 DBCP 之類農藥相關的議題。關於 DBCP，見 M. Donald Whorton, "Male Occupational Reproductive Hazards," *Western Journal of Medicine* 137 (December 1982): 521-524; Heather Clark and Suzanne Snedeker, "Pesticides and Breast Cancer Risk: Dibromochloropropane (DBCP)," fact sheet no. 50, Program on Breast Cancer and Environmental Risk Factors, Sprecher Institute for Comparative Cancer Research, Cornell University, July 2004, http://envirocancer.cornell.edu/FactSheet/pesticide/fs50.dbcp.cfm；Daniel T. Teitelbaum, "The Toxicology of 1-2-Dibromo-3-chloropropane (DBCP)," *International Journal of Occupational and Environmental Health* 5, no. 2 (June 1999). 一九六一年的研究是 "Toxicological Investigations of 1,2-Dibromo-3-Chloropropane ," *Toxicology and Applied Pharmacology* 3 (1961): 54，紀錄片以第一作者陶氏化學公司化學師 T. R.Torkelson 之名命名為「托克森報告」。

13. Carl Smith and David Root, "The Export of Pesticides: Shipments from U.S. Ports, 1995-1996," *International Journal of Occupational and Environmental Health* 5, no. 2 (June 1999)。DBCP 在美國禁用之後，Dole 食品公司持續在外國使用，引起一連串法律訴訟。其中一件重要官司在二〇〇九年被判不成立，因為法官基於祕密證詞（證人不准被交叉質詢）認為原告律師操縱證人說詞。Alan Zarembo and Victoria Kim, "A Sticky Situation for L.A. Lawyer," *Los Angels Times,* August 5, 2009.

14. U.S. Environmental Protection Agency, "EPA Acts to Ban EDB Pesticide,'" press release, September 30, 1983, http://www.epa.gov/history/topics/legal/02.htm; Mark Powell, "The 1983-84 Suspensions of EDB Under FIFRA and the 1989 Asbestos Ban and Phaseout Rule Under TSCA: Two Case Studies in EPA's Use of Science," discussion paper no. 97-06 (Washington, DC: Resources for the Future, March 1997); James Cone et al., "Persistent Respiratory Health Effects after a Metam Sodium Pesticide Spill," *Chest* 106 (1994): 500-508; Hanaa Zainal and Shane S. Que Hee, "Permeation of

Telone EC ™ through Protective Gloves," *Journal of Hazardous Materials* 124, nos. 1-3 (2005): 81-87; U.S. Environmental Protection Agency, "The Phaseout of Methyl Bromide," August 3, 2009, http://www.epa.gov/Ozone/mbr/.

15. Sadie Costello et al., "Parkinson's Disease and Residential Exposure to Maneb and Paraquat from Agricultural Applications in the Central Valley of California," *American journal of Epidemiology* 169, no. 8 (2009): 919-926.
16. "International Fact Finding Mission in Kamukhaan: February 24-27, 2003" Kilusang Magbubukid ng Pilipinas, http://www.geocities.com/kmp_ph/strug/IFFMkamuk.html.
17. Mark S. Ventura, "Farmers Ask Government to Craft Policy Banning Aerial Spray," *CBCP News,* June 4, 2009, reprinted on *DirtyBANANAS.org,* http://www.dirtybananas.org/index.php?option=com_content&task=view&id=85&Itemid=l; Kamukhaan campaign page, http://www.poptel.org.uk/panap/kamukaan.htm.
18. U.S. Department of Agriculture, National Agricultural Statistics Service, "2007 Census of Agriculture Farm Numbers," http://www.agcensus.usda.gov/Publications/2007/0nline_Highlights/Fact_Sheets/farm_numbers.pdf.
19. Kendall M. Thu and E. Paul Durrenberger, introduction to *Pigs, Profits, and Rural Communities,* ed. Kendall M. Thu and Paul Durrenberger (Albany: State University of New York, 1998), 2.
20. Mark Drabenstott et al. "Where Have All the Packing Plants Gone? The New Meat Geography in Rural America," *Economic Review,* Federal Reserve Bank of Kansas City, Third Quarter, 1999, 81, http://www.kc.frb.org/publicat/econrev/PDF/3q99Drab.pdf.
21. Tulare County Department of Education, "A Great Place to Live," brochure, 2009, http://www.tcoe.k12.ca.us/Commitment/GreatPlace.shtm.
22. Karen Dapper et al., "California Dairy Statistics, 2008," California Department of Food and Agriculture, Division of Marketing Services, Dairy Marketing Branch, U.S. Department of Agriculture, http://www.cdfa.ca.gov/Dairy/pdf/Annual/2008/stats_2008_year_report.pdf; Bill Pinkovitz, "As Dairy Month Arrives, Wisconsin's No. 1 in Farms, But Not

Total Cows," Center for Community and Economic Development, University of Wisconsin Extension, June 7, 2009, http://www.uwex.edu/CES/cced/economies/ economicsnapshot/documents/06-07-09.pdf; John A. Cross, "Restructuring America's Dairy Farms," *Geographical Review* 96, no. 1 (January 2006): 1-23. 關於乳牛場工作環境議題，見 Rebecca Clarren, "The Dark Side of Dairies," *High Country News,* August 31, 2009, http://www.hcn.org/issues/41.15/the-dark-side-of-dairies/article_view?b_start:int=0&-C=。

23. Public Policy Institute of California, "Poverty in California," March 2009, http://www.ppic.org/content/pubs/jtf/JTF_PovertyJTF.pdf; 加州各郡農藥中毒案件統計，見 Margaret Reeves, Anne Katten, and Martha Guzmán, "Fields of Poison 2002: California Farmworkers and Pesticides," Californians for Pesticide Reform, http://www.panna.org/docs-Workers/CPRreport.pdf; Marla Cone, "Foul State of Affairs Found in Feedlots: Factory Farms Are Harmful to the Public and the Environment, Researchers Report," *Los Angeles Times,* November 17, 2006, http://articles.latimes.com/2006/nov/17/nation/na-livestock17。

24. Howard F. Grego, "Industrialized Drylot Dairying: An Overview," *Economic Geography* 39, no. 4 (October 1963): 299-318.

25. L. J. Butler and Christopher A. Wolf, "California Dairy Production: Unique Policies and Natural Advantages," in *Dairy Industry Restructuring: Research in Rural Sociology and Development,* ed. Harry K. Schwarzneller and Andrew Davidson (New York: JAI Press, 2000), 8:142; Tom Schultz, "The Dairy Industry in Tulare County," University of California Cooperative Extension, May 2000, http://cetulare.ucdavis.edu/pubdairy/industry.pdf; Don Villarejo, "California Farm Employers: 25 Years Later," *Changing Face* 6, no. 4 (October 2000), http://migration.ucdavis.edu/cf/more.php?id=50_0_2_0.

26. Caroline Farrell, personal communication, July 22, 2009. 二〇〇七年筆者第一次聽路克・柯爾談超大乳牛場訴訟案及對涂萊里郡的注重，二〇〇八年這本書開始成形時再度聽他敘述。柯爾是高特里布超過二十年的朋友和同事，二〇〇九年六月因車禍英年早逝，是食物和環境正義運動的巨大損失，筆者也痛失摯友。

27. Melinda Fulmer, "Got Milk? Got Problems Too," *Los Angeles Times,* August 20, 2000.
28. Caroline Farrell, personal communication, July 22, 2009, and September 11, 2009.
29. Nigel Key and William McBride, *The Changing Economics of U.S. Hog Production,* USDA Economic Research Report no. 52 (Washington, DC: USDA Economic Research Service, December 2007), summary at http://www.ers.usda.gov/publications/err52/err52_reportsummary.pdf; "Hog Farming," Duke University, *North Carolina and the Global Economy,* Spring 2004, http://www.duke.edu/web/mms 190/hogfarming/; Bob Edwards and Anthony Ladd, "Environmental Justice, Swine Production and Farm Loss in North Carolina," *Sociological Spectrum* 20, no. 3 (July 2000): 263-290.
30. Steve Wing and Suzanne Wolf, "Intensive Livestock Operations, Health, and Quality of Life among Eastern North Carolina Residents," *Environmental Health Perspectives* 108, no. 3 (March 2000): 233; S. S. Schiffman et al., "The Effect of Environmental Odors Emanating from Commercial Swine Operations on the Mood of Nearby Residents," '*Brain Research Bulletin* 37, no. 4 (1995): 369-375 ; D. Cole et al., "Concentrated Swine Feeding Operations and Public Health: A Review of Occupational and Community Health Effects," *Environmental Health Perspectives* 108, no. 8 (August 2000): 685-699.
31. Michael D. Thompson, "This Little Piggy Went to Market: The Commercialization of Hog Production from William Shay to Wendell Murphy," *Agricultural History* 74, no. 2 (Spring 2000): 569-584; Doug Gurian-Sherman, "CAFOs Uncovered: The Untold Costs of Confined Animal Feeding Operations," Union of Concerned Scientists, April 2008, http://www.sec.nv.gov/cafo/tab_ff.pdf.
32. David Mildenberg, "A Pig in a Poke: Will a Giant Slaughterhouse Breathe Life into a Moribund Bladen County-or Threaten the Lower Cape Fear?" *Business North Carolina,* April 1, 1991.
33. Eric Schlosser, *Fast Food Nation: The Dark Side of the American M eal* (Boston: Houghton Mifflin, 2001), 139; Steve

Striffler, *Chicken: The Dangerous Transformation of America's Favorite Food* (New Haven: Yale University Press, 2005), 17, 22; Marvin Schwartz, *Tyson: From Farm to Table* (Fayetteville: University of Arkansas Press, 1991).

34. Striffler, *Chicken,* 8.
35. 泰森曾和巨型豬肉生產商史密斯費爾德爭購 IBP，最後贏了，但 IBP 財務虧損消息傳出後，又企圖毀約。不過法官判泰森必須完成收購程序。"Tyson Ordered to Buy IBP," *CNN Money*, June 15, 2001, http://money.cnn.com/2001/06/15/deals/tyson/. 亦見 "Will the Sun Never Set on Tyson Empire, with Operations in China, Philippines?," Quick Frozen Foods International, July 1, 1997. http://www.thefreelibrary.com/Will+the+sun+never+set+on+ Tyson+empire,+with+operations+in+China,⋯-a019845432。
36. Suzi Parker, "How Poultry Producers are Ravaging the Rural South," *Grist,* February 21, 2006, http://www.grist.org/article/parkerl/; Food and Water Watch, "Factory Farm Pollution in the United States," http://www.factoryfarmmap.org/. accessed February 6, 2010.
37. PETA, "Thousands of Chickens Tortured by KFC Supplier," *Kentucky Fried Cruelty,* http://www.kentuckyfriedcruelty.com/u-pilgrimspride.asp.
38. William Boyd and Michael Watts, "Agro-Industrial Just-in-Time: The Chicken Industry and postwar American Capitalism," in *Globalising Food: Agrarian Questions and Global Restructuring,* ed. David Goodman and Michael Watts (London: Routledge, 1997), 192-225.

第 2 章　給我們健康的食物通路

1. Leobold Estrada, personal communication, September 18, 1992; Karen Robinson-Jacobs, "South L.A. Still Awaiting Promised Grocery Stores," *Los Angeles Times,* May 31, 2002; Richard W. Stevenson, "Patching Up L.A.: A Corporate Blueprint," *New York Times*, August 9, 1992.

2. Julie Beaulac et al., "A Systematic Review of Food Deserts, 1966-2007," *Preventing Chronic Disease* 6, no. 3 (2009), http://www.cdc.gov/pcd/issues/2009/jul/08_0163.htm. 二〇〇九年農業部應國會在二〇〇八年農業法案的要求，發表一份報告檢討食物沙漠，結果引來部分食物正義捍衛者抨擊，認為用「食物沙漠」一詞指涉社區食物取得問題很不恰當。這些社區缺乏貨樣齊全的食品市場，卻有過高比率的速食店，也缺乏管道取得新鮮健康的食物。反之，筆者的學會在二〇〇二年調查超市地點的報告中採用「食品缺口」概念，特別關注超市地點議題。Amanda Shaffer, "The Persistence of L.A.'s Grocery Gap: The Need for a New Food Policy and Approach to Market Development," Los Angeles, Urban & Environmental Policy Institute, Occidental College, 2002, http://departments.oxy.edu/uepi/publications/the_persistence_of.htm; USDA Economic Research Service, Report to Congress, *Access to Affordable and Nutritious Food: Measuring and Understanding Food Deserts and Their Consequences* (Washington, DC: USDA Economic Research Service, June 2009).
3. A report on Project CAFE (Community Action on Food Environments) "Food Access in Central and South Los Angeles: Mapping Injustice, Agenda for Action" (Los Angeles: Urban & Environmental Policy Institute, Occidental College, May 2007), http://departments.oxy.edu/uepi/cfj/publications/project_cafe.pdf.
4. Shaffer, "The Persistence of L.A.'s Grocery Gap."
5. New York City Department of Planning, "Going to Market: New York City's Grocery Store and Supermarket Shortage," May 2008, http://www.nyc.gov/html/dcp/html/supermarket/index.shtml; David Gonzales, "The Lost Supermarket: A Breed in Need of Replenishment," *New York Times,* May 6, 2008.
6. Mari Gallagher, "Examining the Impact of Food Deserts on Public Health in Chicago," 2007, http://www.marigallagher.com/site_media/dynamic/project_files/Chicago_Food_Desert_Report.pdf; Rochelle Davis, personal communication, August 20, 2009.
7. Troy Blanchard and Tom Lyson, "Food Availability and Food Deserts in the Nonmetropolitan South," Southern Rural

Development Center, no. 12, April 2006, http://srdc.msstate.edu/focusareas/health/fa/fa_12_blanchard.pdf; Troy C. Blanchard and Todd L. Mathews, "Retail Concentration, Food Deserts, and Food Disadvantaged Communities in Rural America," in *Remaking the North American Food System: Strategies for Sustainability,* ed. C. Clare Hinrichs and Thomas Lyson (Lincoln: University of Nebraska Press, 2007), 201.

8. Lois Wright Morton, "Rural Food Deserts' Food Price Comparisons: Local Grocery Stores and Out-of-County WalMarts," paper presented at the annual meeting of the Rural Sociological Society, Louisville, KY, August 10, 2006. See also Deja Hendrickson et al., "Fruit and Vegetable Access in Four Low-Income Food Desert Communities in Minnesota," *Agriculture and Human Values* 23, no. 3 (2006): 371-383; Philip Kaufman, "Rural Poor Have Less Access to Supermarkets, Large Grocery Stores," *Rural Development Perspectives* 13, no. 3 (1998): 19-26.

9. Prevention Research Center, School of Public Health and Tropical Medicine, Tulane University, *Report of the Healthy Food Retail Study Group: Recommendations for a Louisiana Healthy Food Retail Financing Program,* (New Orleans: Prevention Research Center, Tulane University, February 27, 2009).

10. Donald Rose et al., "Deserts in New Orleans? Illustrations of Urban Food Access and Implications for Policy," School of Public Health and Tropical Medicine, Tulane University, February 2009, http://www.npc.umich.edu/news/events/food-access/rose_et_al.pdf.

11. Samina Raja et al., "Beyond Food Deserts: Measuring and Mapping Racial Disparities in Neighborhood Food Environments," *Journal of Planning Education and Research* 27, no. 4 (2008): 469-482.

12. *Designed for Disease: The Link Between Local Food Environments and Obesity and Diabetes,* (Los Angeles: UCLA Center for Health Policy Research, April 2008), http://www.healthpolicy.ucla.edu/pubs/files/Designed_for_Disease_050108.pdf.

13. Marion Bruce, "Concentration-Relationship in Food Retailing," in *Concentration and Price,* ed. Leonard W. Weiss

(Cambridge, MA: MIT Press, 1989), 183-194, http://www.fmi.org/facts_figs/keyfacts/?fuseaction=storesize; Longstreth, *The Drive-In,* xv. See also Alden Manchester, "TheTransformation of U.S. Food Marketing, " in *Food and Agricultural Markets: The Quiet Revolution*, ed. Lyle P. Schertz and Lynn M. Daft (Washington, DC: National Planning Association, 1994); Youngbin Lee Yim, "Spatial Trips and Spatial Distribution of Food Stores," University of California Trasportation Center, Working Paper no. 125, 1993.

14. Tim Lang and Michael Heasman, *Food Wars: The Global Battle for M ouths, Minds and Markets* (London: Earthscan, 2004), 139; Bobby J. Martens, Frank Dooley, and Sounghun Kim, "The Effect of Entry by Wal-Mart Supercenters on Retail Grocery Concentration," paper presented at the 2006 America Agricultural Economics Association annual meeting, Long Beach, CA, http://ageconsearch.umn.edu/bitstream/21101/1/sp06ma03.pdf。二〇〇五年前五十家超市占所有超市營業額八二%，前五大公司（Wal-Mart、Kroger、 Albertson's、 Safeway及Ahold）控制四六%市場。五家當中只有Ahold之後在二〇〇四至二〇〇六年之間出現業績衰退。Mary Hendrickson and William Heffernan, "Concentration of Agricultural Markets," Department of Rural Sociology, University of Missouri, April 2007, available at http://www.nfu.org/wp-content/2007-heffernanreport.pdf; see also Steve Martinez, *The U.S.Food M arketing System: Recent Development, 1997-2006,* table 1, "Share of Food-at-Home Expenditures by Type of Outlets," U.S. Department of Agriculture Economic Research Service Report no. 42 (Washington, DC: USDA Economic Research Service, May 2007), 5, http://www.ers.usda.gov/publications/err42/err42.pdf.

15. David Burch and Geoff Lawrence, "Supermarket Own Brands, Supply Chains and the Transformation of the Agri-Food system," *International Journal of Sociology of Agriculture and Food* 13, no. 1 (July 2005): 1-28; Andrew Martin, "Store Brands Lift Grocers in Troubled Times," *New York Times*, December 13, 2008.

16. 特易購在一九九五年打敗Sainsbury連鎖超市，奪下英國最大超市寶座，此後該公司成功阻擋來自Sainsbury和另兩家英國最大連鎖超市Safeway和Asda的挑戰。Asda在一九九七年被沃爾瑪購併；然而，特易購不但業績表現優於沃爾瑪的子公司，甚至使身為世界最大零售商的沃爾瑪在二〇〇五年企圖挑起對特易購的反托拉斯調查，此舉引起美國反托拉斯學會主席 Bert Foer 的評語：「妙透了。」Evelyn Iratini, "Retail Giant Cries Unfair: Wal-Mart Chief's Remarks That a British Rival Might Be Too Big Raises Critics' 'Eyebrows," *Los Angeles Times,* September 5, 2005.

17. Susie Mesure, "Tesco Thrives as Debenhams Sinks," *Independent,* April 18, 2007；Tim Gaynor, "Tesco Aims for 100 Stores by February," Reuters, April 25, 2007; Alexandra Jardine, "Tesco Aims to Crack U.S. Market with Convenience Stores," *Advertising Age,* February 27, 2006.

18. "Supermarkets," *Business Week*, February 27, 2006.

19. Zoe Wood, "Tesco Puts the Cart Before the Trolley," *Observer,* June 10, 2007.

20. 一些組織已表達對特易購的不同立場，例如灣區的 Policy Link 讚美特易購打算開幾百間生鮮超市（包括數間落在低收入地區）的計畫非常有企圖心；洛杉磯的 Alliance for Responsible and Healthy Grocery Stores 則挑戰英國食品零售業巨擘，要它改變偏愛在中高收入社區開店的做法。見 Policy Link and Bay Area Local Initiatives Support Corporation, "Grocery Store Attraction Strategies: A Resource Guide for Community Activists and Local Governments," San Francisco, 2007, http://www.policylink.org/mailings/publications/store_attraction.pdf?msource=PUl; Jerry Hirsch, "Community Groups Protest Tesco's Fresh & Easy," *Los Angeles Times,* November 27, 2007。

21. "Former FDA Commissioner David Kessler: 'The End of Overeating: Taking Control of the Insatiable American Appetite,'" *Democracy Now,* August 3, 2009, http://www.democracynow.org/2009/8/3/former_fda_commissioner_david_kessler_the.

22. Sharon Omahen, "New Food Products Lifeblood of Industry," University of Georgia College of Agricultural and Environmental Sciences, June 25, 2003, http://georgiafaces.caes.uga.edu/pdf/1885.pdf; *The U.S. Food Marketing System,* 34.

23. Jordan Weissman, "Leveraging Lunchables: Oscar Mayer's On-the-Go Lunch Kits Are a Meaty Ingredient in Kraft Foods' Plans for Future Frowth," *Milwaukee Journal Sentinel,* September 2, 2007, http://www.jsonline.com/business/29221984.html; D. Bluford et al., "Interventions to Prevent or Treat Obesity in Preschool Children: A Review of Evaluated Programs," *Nutrition Research Newsletter,* July 2007. 奧斯卡梅爾公司歷史取自 http://www.fundinguniverse.com/company-histories/Oscar- Mayer-FoodsCorp-Company-History.html。「便利餐軍團絕地遠征」遊戲在卡夫食品公司網站 http://www.kraftbrands.com/lunchables/，關於小便利餐的資料可在下述網站取得 http://www.kraftbrands.com/lunchablesjr/。
24. J. C. Louis and Harvey Z. Yazijian, *The Cola Wars* (New York: Everest House, 1980), 13.
25. "Top-10 CSD Results for 2008," ed. John Sicher, *Beverage Digest* 54, no. 7 (March 30, 2009), http://www.beverage-digest.com/pdf/top-10_2009.pdf.
26. David Gallagher, "Say No to Tap Water," *New York Times,* August 20, 2001.
27. Restaurant Opportunities Center of New York and the New York City Restaurant Industry Coalition, "Behind the Kitchen Door: Pervasive Inequality in New York's Thriving Restaurant Industry," January 25, 2005, http://www.urbanjustice.org/pdf/publications/BKDFinalReport.pdf.
28. Ester Reiter, "Serving the McCustomer: Fast Food Is Not About Food," in *Women Working the NAFTA Food Chain: Women, Food and Globalization,* ed. Deborah Arndt (Toronto: Second Story Press, 1999), 168-169 Steven Greenhouse, "Judge Approves Deal to Settle Suit over Wage Violations," *New York Times,* June 19, 2008.
29. "McDonald's Tests New Design," *Wall Street Journal,* May 9, 1991 ‥ Greg Johnson, "Here's Your Hamburger, What's Your Hurry," *Los Angeles Times,* October 23, 1991; "Mini-McDonald"s Squeeze in But Hold Quarterpounder," *New York Times,* November 6, 1994。關於南卡羅來納州哥倫比亞市 McDonld's Express 的資訊見 http://www.shopcolumbiaplace.com/shop/columbia.nsf/StoresAlphaWeb/85256FEE004FF4F3852569C700768103?opendocument.

30. Louise Kramer, "McDonald's Develops Its Own C-Store Concept," *Nation's Restaurant News,* August 28, 1995, 1; "Chevron McDonald's Co-Brand Program," Morris and Associates, http://www.morrisassoc.com/projects.asp; Gary Samuels, "Golden Arches Galore," *Forbes,* November 4, 1996; Mark Jekanowski, "Causes and Consequences of Fast Food Sales Growth," '*Food Review,* U.S. Department of Agriculture, January-April 1999, citing McDonald's 1994 Annual Report statement, 11, http://www.ers.usda.gov/publications/foodreview/jan1999/frjan99b.pdf.
31. Hannah B. Sahoud et al., "Marketing Fast Food: Impact of Fast Food Restaurants in Children's Hospitals," *Pediatrics* 118, no. 6 (2006): 2294, http://www.pediatrics.org/cgi/content/full/118/6/2290; P. Cram et al., "Fast Food Franchises in Hospitals," *JAMA* 287, no. 22 (2002): 2945-2946; Moira Beery and Mark Vallianatos, *Farm to Hospital: Promoting Health and Supporting Local Agriculture* (Los Angeles: Urban & Environmental Policy Institute, Occidental College, 2004), http://departments.oxy.edu/uepi/cfj/publications/farm to_hospital.pdf; Robert Gottlieb and Amanda Shaffer, "Soda Bans, Farmto-School, and Fast Food in Hospitals: An Agenda for Action," paper presented at the American Public Health Association annual meeting, November 13, 2002, http://departments.oxy.edu/uepi/publications/APHA_Talk.htm.
32. Stephanie Thompson and Kate MacArthur, "Obesity Fear Grips Food Industry," *Advertising Age,* April 23, 2007.
33. *UBS Warburg Absolute Risk of Obesity* (London: UBS Warburg Global Equity Research, November 27, 2002); *Obesity Update* (London: UBS Warburg Global Equity Research, March 4, 2003); *JP Morgan Food M anufacturing Obesity: The Big Issue* (London: J.P. Morgan European Equity Research, April 16, 2003); Tim Lobstein, "Child Obesity: Public Health Meets the Global Economy" *Consumer Policy Review,* January 1, 2004, http://www.allbusiness.com/government/948013-1.html; Kevin Morgan, Terry Marsden, and Jonathan Murdoch, *Worlds of Food: Place, Power, and Provenance in the Food Chain* (Oxford: Oxford University Press, 2006), 169.
34. Kelly D. Brownell and Kenneth E. Warner, "The Perils of Ignoring History: Big Tobacco Played Dirty and Millions

Died. How Similar Is Big Food?" *M ilbank Quarterly* 87, no. 1 (2009): 259-294. 這篇文章的兩位作者也指出，美國飲料協會曾贊助一項研究，企圖提供含糖飲料是否可能與兒童體重增加有關的統合分析。產業贊助的研究得出含糖飲料影響不大的結論。兩位作者所屬的研究中心曾獲可口可樂和百事公司經費支援，其中一位作者在文章發表前曾接到美國飲料協會聘書。Richard Forshee et al., "Sugar-Sweetened Beverages and Body Mass Index in Children and Adolescents: A Meta-Analysis," *American Journal of Clinical Nutrition* 87, no. 6 (June 2008): 1662-1671.

第3章　美食天堂，還是劣食地獄？

1. Rick Fantasia, "Fast Food in France," *Theory and Society* 24 (1995): 202.
2. José Bové, interview, "A Farmers' International?," *New Left Review* 12 (November-December, 2001), http://www.newleftreview.org/A2358; José Bové and Frarcois DuFour, *The World Is Not for Sale* (London: Verso, 2001), 54-55. Michelle Wall 表示，媒體報導博韋的行動和後續審判時都輕描淡寫他代表的運動所提出的批判內容，最後產生一種「醜化他的效果」，積極詆毀他所代表的行動主義者和所參與的運動名聲。 Melissa Wall, "Asterix Repelling the Invader: How the Media Covered José Bové and the McDonald's Incident," paper presented at the annual meeting of the International Communication Association, New Orleans, May 27, 2004, http://www.allacademic.com/meta/p_mla_apa_research_citation/1/1/3/0/4/p113049_index.html.
3. Mickey Chopra and Ian Darnton-Hill, "Tobacco and Obesity Epidemics: Not so Different After All?," *British Medical Journal* 328 (June 26, 2004): 1559; Peter Stephenson, "Going to McDonald's in Leiden: Reflections on the Concept of Self and Society in the Netherlands," *Ethos* 17, no. 2 (1989): 237.
4. Julie Lautenschlage, *Food Fight! The Battle over the American Lunch in Schools and the Workplace* (Jefferson, NC: McFar-

land and Co., 2006). Laura Shapiro 也指出，二十世紀初的家事和家政專業企圖重新界定餐食製備的意義，Shapiro 在她的書中諷刺地說：「把媽媽的廚房從濫情、無知的方法拖出來，拉到科學時代。」見 *Perfection Salad: Women and Cooking at the Turn of the Century* (New York: Farrar, Straus, and Giroux, 1986), 9。

5. Blanche C. Firmin, *Peggy Put the Kettle On: Recipes and Entertainment Ideas for Young Wives* (New York: Exposition Press, 1951), 99: Erika Endrijonas, "Processed Foods from Scratch: Cooking for a Family in the 1950s," in *Kitchen Culture in America: Popular Representations of Food, Gender and Race,* ed. Sherrie Inness (Philadelphia: University of Pennsylvania Press, 2001)。這段摘自教科書 *Food: America's Biggest Business*，由 Laura Shapiro 引述，*Something from the Oven: Re-inventing Dinner in 1950s America* (New York: Viking, 2004), 11. "It's a Revolution in Eating Habits," *Business Week*, September 6, 1952, 40. 亦見 Shane Hamilton, "The Economies and Conveniences of Modern-Day Living: Frozen Foods and Mass Marketing, 1945-1965," *Business History Review 77* (Spring 2003): 33-60。

6. Susan Marks, *Finding Betty Crocker: The Secret Life of America's First Lady of Food* (New York: Simon and Schuster, 2005), 61, 126.

7. 廣告時代評語出自 Shapiro, *Something from the Oven,* 21。Shapiro 也描述冷凍食品業內刊物透過它所謂的「未來幻想」，預計未來將「沒有廚房這玩意」，因為「科學已經把女人從廚房解放出來」（7）。電視晚餐擁護者則表示，電視晚餐做為冷凍食品的代表符號，重點不是真的叫人坐在電視機前面吃，而是強調需要花在烹飪的時間減少了。Constance L. Hays, "A Makeover for the TV Dinner: Swanson Is Being Upgraded to Restore Market Share," *New York Times*, July 25, 1998.

8. Endrijonas, "Processed Foods from Scratch, 151; Shapiro, *Something from the Oven,* 19; Mary Dixon Lebeau, "At 50, TV Dinner Is Still Cookin'," *Christian Science Monitor*, November 10, 2004, http://www.csmonitor.com/2004/1110/plls01-lifo.html?s=ent.

9. Edward J. Rielly, *The 1960s* (Westport, CT: Greenwood Press, 2003), 93; Harvey Levenstein, *Paradox of Plenty: A Social*

History of Eating in M odern America (New York: Oxford University Press, 1993), 249; U.S. Department of Labor, Bureau of Labor Statistics, "Time Spent in Detailed Primary Activities," table A2, "2007 Consumer Expenditure Survey," www.bls.gov/tus/tables/a2_2007.pdf. See also Michael Pollan, "Out of the Kitchen and Onto the Couch," *New York Times Magazine,* August 2, 2009.

10. 例如，從一九九八到二〇〇三年，當「肥胖流行病」一詞開始被廣泛使用時，美國減肥手術增加幾乎八倍。Helena P. Santry, Daniel L. Gillen, and Diane S. Lauderdale, "Trends in Bariatric Surgery," *JAMA* 294, no. 15 (October 19, 2005): 1909-1917.

11. Eric Finkelstein et al., "Annual Medical Spending Attributable to Obesity: Payer- and Server-Specific Estimates," *Health Affairs* 28, no. 5 (July 27, 2009), http://content.healthaffairs.org/cgi/content/short/hlthaff.28.5.w822.

12. "100 Years of U.S. Consumer Spending: Data for the Nation, New York City and Boston," U.S. Department of Labor, Bureau of Labor Statistics, Report no. 991 (Washington, DC: U.S. Department of Labor, May 2006), http://www.bls.gov/opub/uscs/; "Consumer Expenditures in 2007," U.S. Department of Labor, Bureau of Labor Statistics, Report no. 1016 (Washington, DC: U.S. Department of Labor, April 2009); "Profiling Food Consumption in America," in *USDA Agricultural Fact Book, 2001-2002,* www.usda.gov/factbook/chapter2.htm; "Trends and Nutritional Correlates," *Preventive Medicine* 38, no. 2 (February 2004): 243-249; Joanne Guthrie et al., "Role of Food Prepared Away from Home in the American Diet, 1977-78 versus 1994-1996: Changes and Consequences," *Journal of Nutrition Education and Behavior* 34, no. 3 (May-June 2002): 140-150; Levenstein, *Paradox of Plenty,* 236.

13. Nicole Larsen et al., "Making Time for Meals: Meal Structure and Associations with Dietary Intake in Young Adults," *Journal of the American Dietetic Association* 109, no. 1 (January 2009): 72-79; Marcia Schmidt et al., "Fast Food Intake and Diet Quality in Black and White Girls: The National Heart, Lung and Blood Institute Growth and Health Study," *Archives of Pediatric and Adolescent Medicine* 159 (2005): 626-631.

14. Steven Cummins et al., "McDonald's Restaurants and Neighborhood Deprivation in Scotland and England," *American Journal of Preventive M edicine* 29, no. 4 (2005): 308S-310S.
15. Samara Joy Nielsen and Barry M. Popkin, "Changes in Beverage Intake between 1977 and 2001," *American Journal of Preventive Medicine* 27, no. 3 (October 2004): 204-210; "US Soft Drink Consumption Grew 135 Percent Since 1977, Boosting Obesity," *Science Daily,* September 17, 2004; L. R. Vartanian et al., " Effects of Soft Drink Consumption on Nutrition and Health: A Systematic Review and Meta-analysis," *American Journal of Public Health* 97, no. 4 (April 2007): 667-675；Susan Babey et al., *Bubbling Over: Soda Consumption and Its Link to Obesity in California* (Los Angeles: UCLA Center for Health Policy Research and the California Center for Public Health Advocacy, September 2009), http://www.healthpolicy.ucla.edu/pubs/files/Soda%20PB%20FINAL%203-23-09.pdf.
16. McDonald's Corp., "Thirsty? Think Hugo," McDonald's of St. Louis and the Metro East, 2006, http://www.mcdonaldsstl.com/promo_HUGO.asp; Marion Nestle, "What to Eat" blog, June 21, 2007, http://whattoeatbook.com/2007/06/21/mcdonalds-hugo-drinks/; Andrew Martin, "Did McDonald's Give in to Temptation?," *New York Times,* July 22, 2007. 麥當勞產品的卡路里資料見該公司網站 http://nutrition.mcdonalds.com/nutritionexchange/nutrition_facts.html。大杯飲料促銷活動見 http://www.mcdonaldsstl.com/promo_dollardrinks.asp。
17. Rob Walker, "Big Cheese," *New York Times,* May 10, 2009；Frito-Lay North America, "Cheetos Goes Big Time With Nationwide Launch of Giant Cheetos Snacks," press release, March 31, 2009, http://www.fritolay.com/aboutus/press-release-20090331.htm.
18. *World Health Organization Statistics 2008,* http://www.who.int/whosis/whostat/2008/en/index.html; Sherry A. Tanumihardjo et al., "Poverty, Obesity, and Malnutrition: An International Perspective Recognizing the Paradox," *Journal of the American Dietetic Association* 107, no. 11 (November 2007): 1966-1972; Los Angeles County Department of Public Health, "Key Indicators of Health," June 2009.

19. UCLA 研究引起對三所學校的後續評鑑，包括從農場到學校沙拉吧干預行動，結果發現那些參加從農場到學校計畫者一天多吃一份蔬果。見 Wendy Slusser et al., "A School Salad Bar Increases Frequency of Fruit and Vegetable Consumption among Children living in LowIncome Households," *Public Health Nutrition,* December 2007。
20. Sherry A. Tanumihardjo et al., "Poverty, Obesity, and Malnutrition: An International Perspective Recognizing the Paradox," *Journal of the American Dietetic Association* 107, no. 11 (November 2007): 1966-1972.
21. J. Michael Harris et al., *The U.S. Food M arketing System,* 2002, USDA Economic Research Report no. AER-811 (Washington, DC: USDA Economic Research Service, August 2002), 35.
22. 引語出自 Eric Clark, *The Real Toy Story: Inside the Ruthless Battle for America's Youngest Consumers* (New York: Free Press, 2007), 191。
23. 出自凱薩家族基金會（Kaiser Family Foundation）的娛樂媒體與健康研究計畫。該研究由 Rideout 指導印第安那大學研究員進行。John Eggerton, "Food-Marketing Debate Heats Up: Congress to Join FCC and FTC in Pressing for Action" *Broadcasting & Cable,* May 20, 2007, http://www.broadcastingcable.com/article/108968-Food_Marketing_Debate_Heats_Up.php〔cited 22 June 2007〕；Kelly Brownell and K. B. Horgan, *Food Fights: The Inside Story of the Food Industry, America's Obesity Crisis, and What We Can* Do *About It* (New York: McGraw-Hill, 2004).
24. 這項研究由伊利諾大學芝加哥分校與 Robert Wood Johnson 基金會贊助的研究團體 Bridge the Gap 共同進行。CCFC Fact Sheet; *Food Marketing to Children and Youth: Threat or Opportunity?* ed. Michael J. McGinnis, Jennifer Gootman, and Vivica I. Kraak (Washington, DC: Institute of Medicine, 2006); Kristen Harrison and Amy Marske, "Nutritional Content of Foods Advertised During the Television Programs Children Watch Most," *American Journal of Public Health* 95, no. 9 (September 2005): 1568-1574；Joseph Menn and Adam Schreck, "Study Finds TV Feeds Children Plenty of Junk," *Los Angeles Times,* March 29, 2007.
25. Mile Shields, "Web Marketing to Kids Is Rising," Advertising Educational Foundation, *Media Week,* July 25, 2005,

http://www.aef.com/industry/news/data/2005/3137; P. J. Huffstutter and Jerry Hirsch, "Blogging Moms Wooed by Firms," *Los Angeles Times*, November 15, 2009.

26. "About BOOK IT!," *Pizza Hut BOOK IT!*, http://www. bookitprogram.com/general/generaloverview.asp; "BOOK IT! Old School," *Pizza Hut BOOK IT!*, 2009, http://www.bookitprogram.com/alumni/alumnistories.asp.

27. McDonald's Corp., "McDonald's Fund Raising McTeacher's Night," *mcnorthcarolina.com*, 2009, http://www.mc-northcarolina.com/31646/3358/Mcdonalds-Fund-Raising-McTeachers-Night/; Lori Aratani, "Restaurant Fundraiser: A McShock for Official," *Washington Post*, February 3, 2008.

28. "Broadcasting Bad Health: Why Food Marketing to Children Needs to Be Controlled," (London: International Association of Consumer Food Organizations, 2003), cited in Kevin Morgan, Terry Marsden, and Jonathan Murdoch, *Worlds of Food: Place, Power and Provenance in the Food Chain* (Oxford: Oxford Univerysity Press, 2006), 170; J. U. McNeal, *The Kids Market: Myth and Realities* (New York: Paramount Publishing, 1999).

29. Jon Tevlin, "General Mills Ad Campaign Turns Sour After Protest," *Minneapolis Star Tribune*, August 31, 2001; Mary Story and Simone French, "Food Advertising and Marketing Directed at Children and Adolescents in the U.S.," *International Journal of Behavioral Nutrition and Physical Activity* 1 (February 10, 2004), http://www.pubmedcentral.nih.gov/picrender.fcgi?artid=4165658&blobtype=pdf; Stuart Elliot, "McDonald's Ending Promotion on Jackets of Children's Report Cards," *New York Times*, January 18, 2008; Julie Deardorff, "Fast Food Gets Its Greasy Hands on Report Cards," *Chicago Tribune*, December 16, 2007, http://www.commercialfreechildhood.org/news/fastfoodgets.htm; Russell Goldman, "Junk Food Companies Market to Kids at School," *ABC News*, December 10, 2007, http://abcnews.go.com/Business/story?id=3971058; Christine McConville, "Parents' Beef with McDonald's Ends Happy Meal Promo," *Boston Herald*, January 18, 2008, http://www.commercialexploitation.org/news/parentsbeef.htm.

30. Karen Siener, David Rothman, and Jeff Farrar, "Soft Drink Logos on Baby Bottles: Do They Influence What Is Fed to

Children?" *Journal of Dentistry for Children* 64, no. 1 (1997): 55-60; Enrique Rivero, "Baby Steps: Tiny Imitator Inspires Dad's Business Venture," *Los Angeles Daily News,* March 19, 1999; Sam Lubove, "Family Affair," *Forbes,* November 25, 2002.

31. "Obesity Experts Back Junk Food Marketing Ban," Commercial Alert, *Scoop Health*, March 14, 2008, http://www.commercialalert.org/news/archive/2008/03/obesity-experts-back-junk-food-marketing-ban; "McDonald's Tells Liverpool: You Can't Ban Happy Meals," *Liverpool Daily Post,* October 25, 2008.

第 4 章　食物政治學

1. 歐巴馬描述「人民的部會」是在十一月十七日宣布任命威薩克為農業部長的記者會上。記者會可上 YouTube 觀看，http://www.youtube.com/watch?v=-HuNyXCgwNk&NR=1。
2. Elizabeth Sanders, *Roots of Reform: Farmers, Workers, and the American State, 1877-1917* (Chicago: University of Chicago Press, 1999), 391; Maxine Rosaler, *The Department of Agriculture* (New York: Rosen Publishing, 2006), 14.
3. 歷史學者 Elizabeth Sanders 認為，「美國農業部在二十世紀初的非凡之處不是官員有多專業，而是草根團體動員起來參與該部計畫研發與管理的投入程度。」Sanders, *Roots of Reform,* 394.
4. Michael Pollan, "Farmer in Chief," *New York Times,* October 12, 2008; Joe Klein, "The Full Obama Interview," *Time,* October 23, 2008. 歐巴馬一家搬進白宮時，帶來他們在芝加哥用的私人廚師，這位廚師是採購在地農場食材和製備乾淨、健康食物的重要倡議者，同時也和當地食物運動者合作。Marian Burros, "Obamas Bring Their Chicago Chef to the White House." *New York Times,* January 28, 2009.
5. "Sign This Petition: Dear President-Elect Obama," *Food Democracy Now!,* http://www.fooddemocracynow.org/?page_id=7.
6. Chuck Hassebrook, "Dear Secretary of Agriculture," Center for Rural Affairs, January 2009 newsletter, http://www.cfra.

org/node/1631; Marian Burros, "Agriculture Nomination Steams Greens," *Politico,* October 26, 2009, http://www.politico.com/news/stories/1009/28722.html.

7. Daniel Imhoff, *Food Fight: The Citizen's Guide to a Food and Farm Bill* (Healdsburg, CA: Watershed Media, 2007), 23.
8. *Conference Report for the Agricultural Act of 1954,* http://www.nationalaglawcenter.org/assets/farmbills/1954conf-house2664.pdf; "The History of America's Food Aids," U.S. Agency for International Development, July 18, 2004, http://www.usaid.gov/our_work/humanitarian_assistance/ffp/50th/ history.html.
9. Edward and Frederick Schapsmeier, *Ezra Taft Benson and the Politics of Agriculture: The Eisenhower Years, 1953-1961* (Danville, IL: Interstate Printers and Publishers, 1975), 105.
10. John H. Davis, "From Agriculture to Agribusiness," *Harvard Business Review,* January-February 1956, 109, 115. Shane Hamilton 也認為，班森派轉向食品加工者，行銷者及工業化或工廠式農場，得力於州際公路系統的建立，以及「由非工會化司機駕駛貨車〔成為〕這個新運銷和行銷導向策略的核心」所發揮的作用。Hamilton, *Trucking Country: The Road to America's Wal-Mart Economy* (Princeton: Princeton University Press, 2008), 111.
11. "The Community Food Security Empowerment Act," Community Food Security Coalition, Los Angeles, January 1995; "New Coalition Proposes to Recast Farm Policy around Community Food Security," *Nutrition Week* 25, no. 4 (J.anuary 27, 1995).
12. Anuradha Mittal, "Giving Away the Farm: The 2002 Farm Bill," Oakland Institute, June 2002, http://www.oaklandinstitute.org/?q=node/view/39; USDA report cited in Kevin Morgan, Terry Marsden, and Jonathan Murdoch, *Worlds of Food: Place, Power and Provenance in the Food Chain* (Oxford: Oxford University Press; 2006), 173; "Environmental Quality Incentives Program ," U.S. Department of Agriculture, Natural Resources Conservation Service, July 15, 2009, http://www.nrcs.usda.gov/PROGRAMS/EQIP/.
13. "Overview: Farm and Food Policy Project," Community Food Security Coalition, http://foodsecurity.org/ffpp_over-

view.html.

14. Andy Fisher, personal communication, November 8, 2009. See also “Farm and Food Policy Diversity Initiative: Promoting Diversity and Equity in the 2007 Farm Bill,” Rural Coalition, http://www.ruralco.org/. 關於反飢餓觀點，參見 FRAC 網站致柯林・彼得森書，談食物券和 TEFAP 議題：http://frac.org/pdf/Nutrition_Title_Ltr_Jan30_2008.pdf。

15. “Truman Approves School Lunch Bill,” *New York Times,* June 5, 1946; Levine, *School Lunch Politics,* 2008; Julie L. Lautenschlager, *Food Fight! The Battle over the American Lunch in Schools and the Workplace* (Jefferson, NC: McFarland and Co., 2006).

16. Fairfax, “*Their Daily Bread,*” 31; Levine, *School Lunch Politics,* 119, 132.

17. “School Breakfast Program,” U.S. Department of Agriculture, Food and Nutrition Service, February 6, 2009, http://www.fns.usda.gov/CND/Breakfast/AboutBFast/ProgHistory.htm.

18. J. C. Louis and Harvey Yazijian, *The Cola Wars* (New York: Everest House, 1980), 261; Levine, *School Lunch Politics,* 161.

19. Lloyd Johnston et al., “Soft Drink Availability, Contracts, and Revenues in American Secondary Schools,” *American Journal of Preventive Medicine* 33, no. 4S (2007); Marion Nestle, *Food Politics: How the Food Industry Influences Nutrition and Health* (Berkeley and Los Angeles: University of California Press, 2002), 202-206; Marion Nestle, “Soft DrinK “Pouring Rights’: Marketing Empty Calories to Children,” *Public Health Reports* 15, no. 4 (July-August 2000): 308-319.

20. Marylou Doehrman, “Marketing Company Brings Business Partners to Schools,” *Colorado Springs Business Journal,* November 14, 2003; Constance L. Hays, “Today’s Lesson: Soda Rights: Consultant Helps Schools Sell Themselves to Vendors,” *New York Times,* May 21, 1999 ; Steven Manning, “Students for Sale: How Corporations Are Buying Their Way into America’s Classrooms,” Education Policy Studies Laboratory, Arizona State University, September 27, 1999,

www.asu.edu/educ/epsl/CERU/Articles/CERU-9909-97-OWI.doc.

21. Faith M. Williams and Alice C. Hanson, *Money Disbursements of Wage Earners and Clerical Workers, 1934-36, Summary Volume,* Bureau of Labor Statistics, Bulletin no. 638 (Washington, DC: U.S. Government Printing Office, 1941), 3; cited at http://www.bls.gov/opub/uscs/1934-36.pdf, 16.

22. Janet Poppendieck, *Breadlines Knee-Deep in Wheat: Food Assistance in the Great Depression* (New Brunswick, NJ: Rutgers University Press, 1986).

23. Executive Order no. 10,914 "Providing for an Expanded Program of Food Distribution for Needy Families," January 21, 1961, http://www.presidency.ucsb.edu/ws/index.php?pid=58853; Ardith L. Maney, *Still Hungry After All these Years: Food Assistance Policy from Kenned y to Reagan* (Westport, CT: Greenwood Press, 1989), 19-33.

24. Peter K. Eisinger, *Toward an End to Hunger in America* (Washington, DC: Brookings Institution Press, 1998), 39; Herbert Birch and Joan Dye Gussow, *Disadvantaged Children: Health, Nutrition and School Failure* (New York: Harcourt Brace Jovanovich, 1970), 221-222; Nan Robertson, "Severe Hunger Found in Mississippi," *New York Times,*June 17, 1967; Homer Bigart, "Hunger in America: Stark Deprivation," *New York Times*, February 16-20, 1969.

25. 公民調查飢餓與營養不良委員會也重新修訂出版一九六八年的報告，雖然仍強烈批判聯邦食物計畫的性質和管理，但也指出有些計畫已顯著擴大。例如自一九六八年報告發表後，四年內食物券參與人數已從二五〇萬增加到一一八〇萬，減免餐費的受惠人數也從二三〇萬增加到八四〇萬。John Kramer, *Hunger U. S. A. Revisited. A Report by the Citizens' Board of Inquiry Into Hunger and M alnutrition in the United States* (Atlanta: National Council on Hunger and Malnutrition and the Southern Regional Council, 1972), 5, 9.

26. Field Foundation, *Physician's Report on Field Investigations* (New York: Field Foundation, 1977); Michael Lipsky and Marc Thibodeau, "Feeding the Hungry with Surplus Commodities," *Political Science Quarterly* 103, no. 2 (1988): 223-244.

27. "A Brief History of TEFAP," TEFAP Alliance, Foodlinks America newsletter, http://www.tefapalliance.org/HistoryOFTEFAP.htm.
28. Janet Poppendieck, *Sweet Charity? Emergency Food and the End of Entitlement* (New York: Viking, 1998), 216.
29. "Know your Farmer, Know your Food: Mission Statement," United States Department of Agriculture Website, http://www.usda.gov/wps/portal/knowyourfarmer?navtype=KYF&navid=KYF_MISSION.
30. El Dragón, "Kathleen Merrigan: Best Thing Since Sliced Bread," Fair Food Fight Blog, February 25, 2009, http://www.fairfoodfight.com/blog/el-drag percentC3 percentB3n/kathleen-merrigan-best-thing-sliced-bread; Jane Black, "For Vilsack, the Proof Is in the Planting," "*Washington Post,* April 22, 2009.

第 5 章　中國的蒜頭，美國的洋芋片

1. 蒜頭節資料見 http://gilroygarlicfestival.com/。
2. Harvey Levenstein, *Revolution at the Table: The Transformation of the American Diet* (New York: Oxford University Press, 1988), 6, 104.
3. Sophia Huang and Kuo Huang, *Increased U.S. Imports of Fresh Fruit and Vegetables,* USDA Economic Research Report no. FTS-328-01 (Washington, DC: USDA Economic Research Service, September 2007),14, http://www.ers.usda.gov/Publications/fts/2007/08Aug/fts32801/fts32801.pdf.
4. Scott Horsley, "U.S. Growers Say China's Grip on Garlic Stinks," National Public Radio, June 30, 2007, http://www.npr.org/templates/story/story.php?storyId=11613477. 重要環保組織之一「天然資源保護會」（簡稱 NRDC）也發表一份關於蒜頭的健康簡報，指出中國蒜頭進口美國數量增加，會因為船運而使地球暖化和相關健康衝擊惡化，NRDC 力勸消費者購買本地或美國生產的蒜頭，包括吉爾羅伊鎮的產品。Natural Resources Defense Council, "Garlic: Buying Local Helps Reduce Pollution and Protect Your Health," November, 2007, http://www.nrdc.

org/health/effects/camiles/garlic.pdf. 與中國廉價蒜頭傾銷世界市場相關的全球變化，甚至影響鄰國越南，越南中央廣義省離山島上的農民生產一種適度辛辣、風味十足的蒜頭，早已建立地方特產盛名並擁有自己的智慧財產商標，如今該地農民開始遭受中國競爭之害。“Vietnam: Garlic Growers Lose Market Share,” Vietnam News Agency, September 1, 2009, http://www.freshplaza.com/news_detail.asp?id=49882.

5. Chad Terhune, “Frito-Lay’s Chip Ads Crumble in Court Tests,” *Wall Street Journal,* July 29, 2004.
6. 可口可樂執行長 Doughlas Craft 的評語，引述在 Tim Lang and Michael Heasman, *Food Wars: The Global Battle for Mouths, Minds and Markets* (London: Earthscan, 2004)。
7. Chad Terhune, “To Bag China’s Snack Market, Pepsi Takes Up Potato Farming,” *Wall Street Journal,* December 19, 2005.
8. Barry Popkin, “Will China’s Nutrition Transition Overwhelm Its Health Care System and Slow Economic Growth?,” *Health Affairs* 27, no. 4 (2008): 1064-1076.
9. Harriet Friedmann, “Remaking ‘Traditions’: How We Eat, What We Eat and the Changing Political Economy of Food,” in *Women Working the NAFTA Food Chain: Women, Food and Globalization,* ed. Deborah Barndt (Toronto: Second Story Press, 1999), 39.
10. Judith Carney, *Black Rice: The African Origins of Rice Cultivation in the Americas* (Cambridge, MA: Harvard University Press, 2001), 163. 除了稻米，其他來自美國的商品作物流通也出現在十八和十九世紀，包括小麥貿易，從美國中西部和加州大量種植小麥的地區流入維多利亞時代的英國。Rodman Paul, “The Wheat Trade between California and the United Kingdom,” *Mississippi Valley Historical Review* 45, no. 3 (December 1958): 391-412.
11. Samuel Crowther, *Romance and the Rise of the American Tropics* (New York: Doubleday, Doron and Co., 1929); Frederick Upham Adams, *The Conquest of the Tropics: The Story of Creative Enterprises Conducted by the United Fruit Company* (New York: Doubleday, Page and Co., 1914); Marcelo Bucheli, *Bananas and Business: The United Fruit Company in Co-*

lumbia, 1899- 2000 (New York: New York University Press, 2005).

12. 有趣的是，聯合果品經過多次購併和破產之後企圖轉型，以 Chiquita 品牌繼續活躍於中美洲，並積極美化形象，透過與環保團體 Rainforest Allianc 的協議，建立「更好香蕉」環境認證。儘管有這些努力，該公司仍遭到勞工和公平交易團體批評。之後又因為賄賂哥倫比亞武裝行刑隊而遭調查，恐怕永遠無法完全擺脫惡名，它的名字已經變成較早形式的全球食物剝削的同義詞。關於「更好香蕉」計畫的描述，見 J. Gary Taylor and Patricia J. Scharlin, *Smart Alliance: How a Global Corporation and Environmental Activists Transformed a Tarnished Brand* (New Haven: Yale University Press, 2004)。
13. Vandana Shiva, *Monocultures of the Mind: Perspectives on Biodiversity and Biotechnology* (London: Zed Books, 1993).
14. John M. Connor and William A. Schiek, *Food Processing: An Industrial Powerhouse in Transition* (New York: John Wiley and Sons, 1997), 399.
15. 麥當勞法國公司總裁的「多國本土化」評語引述在 Judit Bodnar, "Roquefort vs. Big Mac: Globalization and Its Others," *European Journal of Sociology* 44, no. 1 (2003): 137; Theodore Levitt, "The Globalization of Markets," *McKinsey Quarterly, Harvard Business Review,* May-June 1983, http://www.vuw.ac.nz/~caplabtb/m302w07/Levitt.pdf。
16. Harriet Friedmann, "The Political Economy of Food: A Global Crisis," *New Left Review* 197 (January-February 1993): 29-57.
17. Elizabeth Becker, "U.S. Corn Subsidies Said to Damage Mexico," *New York Times,* August 27, 2003; Michael Pollan, "A Flood of U.S. Corn Rips at Mexico," *Los Angeles Times,* April 23, 2004; Stephen Zahniser and William Coyle, *U.S.M exico Trade During the NAFTA Era: New Twists to an Old Story,* USDA Economic Research Report no. FDS04D01 (Washington, DC: USDA Economic Research Service, May 2004), http://www.ers.usda.gov/publications/FDS/may04/fds04D01/fds04D01.pdf; Enrique C. Ochoa, *Feeding M exico: The Political Uses of Food Since 1910* (Wilmington, DE: SR Books, 2000), 219; Tom Philpott, "Tortilla Spat: How Mexico's Iconic Flatbread Went Industrial and Lost Its Fla-

vor," *Grist M agazine*, September 13, 2006.

18. Friedmann, "Remaking 'Traditions,'" 48.

19. "Global Food Markets: Global Food Industry Structure," USDA Economic Research Service, March 26, 2008, http://www.ers.usda.gov/Briefing/GlobalFoodMarkets/Industry.htm. Thomas Reardon and Julio Berdegué, "The Rapid Rise of Supermarkets in Latin America: Challenges and Opportunities for Development," *Development Policy Review* 20, no. 4 (2002): 371-388.

20. Bethany Moreton, *To Serve God and Wal-Mart: The Making of Christian Free Enterprise* (Cambridge, MA: Harvard University Press, 2009), 258; Pete Hisey, "Supercenter Debuts in Mexico City," *Discount Store News*, October 18, 1993; Celia Dugger, "Supermarket Giants Crush Central America Farmers," *New York Times*, December 28, 2004; Associated Press, "Walmex to Invest $805 Million, Open 252 Stores," February 20, 2009; Mark Stevenson, "U.S., Mexican Activists to Fight Wal-Mart," Associated Press/MSNBC.com story, November 12, 2006, www.globalexchange.org/campaigns/sweatshops/5081.html.pf.

21. 沃爾墨／Sabritas 示威錄影可在 YouTube 上看到，http://video.google.com/videoplay?docid=818540535102292014。這場示威被 Raj Patel 描述在 *Stuffed and Starved: The Hidden Battle for the World Food System* (Brooklyn, NY: Melville House, 2007), 63-64。

22. Amy Guthrie, "Snack Food Stores in Mexico Grab Double-Digit Annual Sales Gains," *Wall Street Journal*, February 2, 2005; Sherry Tanumihardjo et al., "Poverty, Obesity, and Malnutrition: An International Perspective Recognizing the Paradox," *Journal of the American Dietetic Association* 107 (November 2007): 1970.

23. Barry Popkin, "The Nutrition Transition in the Developing World," *Development Policy Review* 21, no. 5-6 (2003): 509; Tim Lobstein, "Child Obesity: Public Health Meets the Global Economy," *Consumer Policy Review*, January 1, 2004, http://www.allbusiness.com/government/948013-1.html.

24. James Sterngold, "Den Fujita, Japan's Mr. Joint Venture," New York Times, March 22, 1992; Ken Worsley, "McDonald's Japan to Surpass 500 Billion Yen in Sales for First Time in 2008," Japan Economy News and Blog, December 19, 2008, http://www. japaneconomynews.com/2008/12/19/mcdonalds-japan-to-surpass-500-billion-yen-in-sales-for-first-time-in-2008/; Steve Levenstein, "McDonalds Japan Bucks Fast Food Trends with Big Fat Burgers," http://inventorspot.com/articles/mcdonalds_japan_bucks_fast_food_trends_big_fat_burgers_l2284.
25. Warren K. Liu, *KFC in China: Secret Recipe for Success* (Singapore: John Wiley and Sons 〔Asia〕, 2008); Carlye Adler, "Colonel Sanders March on China," *Time,* November 17, 2003, http://www.time.com/time/magazine/article/0,9171,543845,00.html; John Sexton, "KFC-'A Foreign Brand with Chinese Characteristics," China.org.cn, September 22, 2008, http://www.china.org.cn/business/2008-09/22/content_1651 5747.htm.
26. Yunxiang Yan, "Of Hamburger and Social Space: McDonald's in Beijing," in *Food and Culture: A Reader,* ed. Carole Counihan and Penny Van Estenk (New York: Routledge, 2008), 513, 502; "Only in China: McDonald's Goes Online to Sell Consumer Goods," *Wall Street Journal,* April 28, 2009, http://blogs.wsj.com/digits/2009/04/28/only-in-china-mcdonalds-goes-online-to-sellconsumer-goods/. 而且，隨著速食日漸受歡迎，中國速食公司開始攫取市占率，有時還是在政府的協助之下。研究中國速食現況的 Warren Liu 發現中國政府資助研發一種機器人，「能夠基於專家智能，快速燒出幾十道大眾化中國菜，而且味道絕佳。」"KFC China Success Might Not Last-Warren Liu," *China Herald,* March 25, 2009, http://www.chinaherald.net/2009/03/kfc-china-succes-might-not-last-warren.html.
27. Barry Popkin, "Will China's Nutrition Transition Overwhelm Its Health Care System and Slow Economic Growth?," *Health Affairs* 27, no. 4 (JulyAugust 2008): 1064-1078.
28. 歐洲共同體研究由 Rick Fantasia 引述在 "Fast Food in France," *Theory and Society* 24, no. 2, (April 1995): 211-212。John Love 引述麥當勞的勞動關係部重要主管對公司政策的直率評估，他說：「工會對我們代表的價

值和我們的營運方式有害。」Cited in *McDonald's Behind the Arches,* rev. ed. (London: Bantam Press, 1995), 397. See also Tony Royle, "The Reluctant Bargainers? McDonald's, Unions and Pay Determination in Germany and the UK," *Industrial Relations Journal* 30, no. 2 (1999): 135-150.

29. Eric Holt-Giménez, *Campesino a Campesino: Voices from Latin America's Farmer to Farmer M ovement for Sustainable Agriculture* (Oakland, CA: Food First Books, 2006), 3-8.

30. Annette Aurélie Desmarais, *La Via Campesina: Globalization and the Power of Peasants* (Halifax, NS: Fernwood Publishing, 2007), 42, 104; Michel Pimbert, *Toward Food Sovereignty: Reclaiming Autonomous Food Systems* (London: IIED, March 2008), http://www.iied.org/pubs/display.php?o=G02268 percent20.

31. La Via Campesina, "The Right to Produce and Access to Land," position paper presented at the World Food Summit, Rome, November 13-17, 1996; "Bangalore Declaration of the Via Campesina," declaration at the Third International Conference of the Via Campesina, Bangalore, India, October 3-6, 2000 ‧‧ Michael Windfuhr and Jennie Jonsen, *Food Sovereignty: Toward Democracy in Localized Food Systems* (London: FIANITDG Publishing, 2005), 45-52; Annette Aurélie Desmairais, "The Power of Peasants: Reflections on the meanings of La Via Campesina," *Journal of Rural Studies* 24 (2008): 138-149.

32. "Food Sovereignty: A Right for All, Political Statement of the NGO/CSO Forum for Food Sovereignty," NGO/CSO Forum for Food Sovereignty, June 14, 2002, http://www.foodfirst.org/progs/global/food/finaldeclaration.html; Judit Bodnit, "Roquefort vs. Big Mac: Globalization and Its Others," *Archives of European Sociology* 44, no. 1 (2003): 143.

33. Desmarais, "The Power of Peasants," 192, 200; La Via Campesina, "Food Sovereignty: A Future Without Hunger," 1996, www.viacampesina.org.

34. Patrick Mulvany, "Food Sovereignty Comes of Age: Africa Leads Efforts to Rethink Our Food System," *Worldview* (Food Ethics Council), 2, no. 3 (Autumn 2007), http://www.foodethicscouncil.org/files/magazine0203-p19.pdf; Supara

Janchitfah, "An Unconventional Gathering," *Bangkok Post,* March 18, 2007, www.nyeleni2007.org/spip.php?article318.

35. Sadie Beauregard, "Food Policy for People: Incorporating Food Sovereignty Principles into state governance," Urban & Environmental Policy Institute, Occidental College, May 2009, http://departments.oxy.edu/uepi/uep/studentwork/09comps/Food percent20Policy percent20for percent20People.pdf.
36. Andy Fisher, personal communication, July 31, 2009; 根據筆者出席一九九七、二〇〇六及二〇〇九年 CFSC 會議的筆記，共同作者也出席了這幾次會議。

第 6 章　讓有正義感的農民活下去

1. Carol Hardy-Fanta and Jeffrey Gerson, *Latino Politics in Massachusetts: Struggles, Strategies and Prospects* (New York: Routledge, 2002), 99-103.
2. Daniel Ross, personal communication, September 11, 2009; Nuestras Raices Website, http://www.nuestras-raices.org/en/about.
3. Daniel Ross, personal communication, June 19, 2009.
4. Carey McWilliams, *Factories in the Field: The Story of Migratory Farm Labor in California* (Santa Barbara, CA: Peregrine Publishers, 1971), 163; Dick Meister and Anne Loftis, *A Long Time Coming: The Struggle to Unionize America's Farmworkers* (New York: Macmillan, 1977), 8-11.
5. Don Mitchell, "The Scales of Justice: Localist Ideology, Large-Scale Production, and Agricultural Labor's Geography of Resistance in 1930s' California," in *Organizing the Landscape: Geographical Perspectives on Labor Unionism,* ed. Andrew Herod (Minneapolis: University of Minnesota Press, 1998), 159- 160; McWilliams, *Factories in the Field,* 166 ‥ Cletus Daniel, *Bitter Harvest: A History of California Farmworkers, 1870-1941* (Ithaca, NY: Cornell University Press, 1981), 105-140.

6. Randy Shaw, *Beyond the Fields: Cesar Chavez, the UFW, and the Struggle for Justice in the 21st Century* (Berkeley and Los Angeles: University of California Press, 2008), 7.
7. Sean Sellers, personal communication, July 29, 2009.
8. Gerardo Reyes-Chavez, personal communication, August 21, 2009; Steven Greenhouse, "Tomato Pickers' Wages Fight Faces Obstacles," *New York Times,* December 24, 2007.
9. Sellers, personal communication; Reyes-Chavez, personal communication; Ricky Baldwin, "Tomato Pickers Win Big at Taco Bell," Z *Magazine,* May 2005.
10. Charles Porter, "Big Fast-Food Contracts Breaking Tomato Repackers," *Packer,* May 16, 2005; Reyes-Chavez, personal communication.
11. Coalition of Immokalee Workers, "Campaign Analysis: CIW Campaign for Fair Food," April 2007, http://www.pcusa.org/fairfood/pdf/bk-campaignanalysis.pdf.
12. Evelyn Nieves, "Accord of Tomato Pickers Ends Boycott of Taco Bell," *Washington Post,* March 9, 2005; Katrina Vanden Heuvel, "Sweet Victory: Yo Quiero Justice!," *Nation,* March 11, 2005; Andrew Martin, "Burger King Grants Raise to Pickers," *New York Times,* May 24, 2008; "Putting an End to Tomatoes Tinged with the Bitter Taste of Exploitation," Reuters, April 28, 2009, http://www.reuters.com/article/pressRelease/idUS29269+29-Apr-2009+PRN20090429; James Thorner, "Tomato Pickers' Pressure Brings a Precious Penny," *St. Petersburg Times,* April 16, 2007.
13. Elaine Walker, "Florida Tomato Grower Will Raise Worker Wages," *Miami Herald,* September 11, 2009; James Parks, "Two Farms Agree to Better Wages, Conditions for Florida Tomato Workers," AFLCIO Now Blog, June 5, 2009, http://blog.aflcio.org/2009/06/05/two-farms-agree-to-better-wages-conditionsfor-florida-tomato-workers/.
14. Tom Philpott, "Another Win for the Coalition of Immokalee Workers," *Grist,* May 3, 2009, www.grist.org/article/2009-05-01 -immokalee-win; Tom Philpott, "Burrito chain's Food, Inc. Sponsorship Generates Off-Screen Drama

over Farm-worker Issues," *Grist*, July 23, 2009; Reyes-Chavez, personal communication.

15. Gus Schumacher, personal communication, May 30, 2009, and September 29, 2009.
16. Fremont Rider, "Rider's New York City: A Guide Book for Travelers,"（ New York: Henry Holt, 1916), cited in Jan Whitaker, "Catering to Romantic Hunger: Roadside Tearooms."
17. Patricia Klindienst, *The Earth Knows M y Name: Food, Culture and Sustainability in the Gardens of Ethnic Americans* (Boston: Beacon Press, 2006), xxi.
18. Mapy Alvarez, personal communication, July 29, 2009.
19. Alison Cohen, personal communication, July 1, 2009, and September 21, 2009.
20. 關於開放空間會議的解釋，見開放空間會議引導師 Lisa Heft 的網站 http://www.openingspace.net。
21. Personal communication with Alison Cohen; National Immigrant Farming Initiative, "Book of Proceedings," Inaugural National Conference, Las Cruces, New Mexico, February 11-14, 2007.
22. NIFI Conference proceedings, 180-190.
23. Mapy Alvarez, personal communication; Don Bustos, personal communication, July 9, 2009.
24. Don Bustos, personal communication, July 9, 2009, and September 21, 2009.
25. "Santa Cruz Farm: Direct and Niche Marketing in Northern New Mexico," presentation by Don Bustos, February 25, 2005, Agricultural Forum Outlook 2005, no. 32844, http://ageconsearch.umn.edu/bitstream/32844/1/fo05bu01.pdf; Don Bustos, personal communication.
26. Judith Redmond, personal communication, July 10, 2009.
27. Lisa Hamilton, "Northern California's Full Belly Farm redefines what it means to be a family farmer," November 7, 2003, Rodale Institute, http://newfarm.rodaleinstitute.org/features/1103/fullbelly.shtml.
28. Judith Redmond, personal communication, September 12, 2009.

29. "About Full Belly Farm," http://www.fullbellyfarm.com/about.html.
30. Judith Redmond, personal communication, July 10, 2009.
31. Elizabeth Henderson with Robyn Van Eyn, *Sharing the Harvest: A Citizen's Guide to Community Supported Agriculture,* rev. ed. (White River Junction, VT: Chelsea Green Publishing, 2007), 240; Elkhorn Slough Foundation and the Nature Conservancy, "Elkhorn Slough Watershed Conservation Plan," August 1999, http://www.elkhornslough.org/eswcp/ConservationPlan.pdf.
32. Brett Malone, personal communication, July 17, 2009.
33. Rosalinda Guillen and Erin Thompson, personal communication, August 3, 2009.
34. Dave Gallagher, "Dry June Has Whatcom County Raspberry Farmers Optimistic about Harvest," *Bellingham Herald,* July 12, 2009; Rosalinda Guillen, personal communication, September 17, 2009.
35. 2007 Census of Agriculture, "Farm Numbers," http://www.agcensus.usda.gov/Publications/2007/Online_Highlights/Fact_Sheets/farm_numbers.pdf; Elizabeth Weise, "On Tiny Plots, a New Generation of Farmers," *USA Today,* July 13, 2009; Andrew Martin, "Farm Life, Subsidized by a Job Elsewhere," *New York Times,* February 8, 2009.
36. Fred Kirschenmann et al., "Why Worry About the Agriculture of the Middle?" in *Food and the Mid-Level Farm,* ed. Thomas Lyson et al. (Cambridge, MA: MIT Press, 2008), 3-22.
37. Carolyn Lochhead, "Crops, Ponds Destroyed in Quest for Food Safety," *San Francisco Chronicle,* July 13, 2009.
38. Olga Bonfiglio, "Delicious in Detroit," *Planning* 75, no. 8 (AugustSeptember 2009): 34; Grace Lee Boggs, "Living for Change: Love and Revolution," *Michigan Citizen,* July 19-25, 2009, http://www.boggscenter.org/fi-glb-07-25-09_love_revolution.html; Grace Lee Boggs, "Food for All: How to Grow Democracy: A Forum," *Nation,* September 21, 2009, 14-15.
39. Melvin G. Holli, *Reform in Detroit: Hazen S. Pingree and Urban Politics* (Westport, CT: Greenwood Publishing, 1981),

70-73.

40. "Green Task Force Update: Summer 2009," http://www.ci.detroit.mi.us/legislative/CityCouncil/Members/K Cockrel/PDF%20Docs/GreenTFUpdate8.19.09website.pdf. The Detroit Food Policy Council Web site URL is http://www. detroitfoodpolicycouncil.net/.
41. Laura Benjamin, "Growing a Movement: Community Gardens in Los Angeles County," Urban and Environmental Policy Program, Occidental College, May 2008, http://departments.oxy.edu/uepi/uep/studentwork/08comps/ benjamin-CommunityGardens.pdf; Anastasiya Bolton, "Garden Helps Troubled Teens Grow," *9News.com,* http://www.9news.com/news/article.aspx?storyid=95773&catid=188; Monte Whaley, "Community Gardens a hot trend in recession," *Denver Post,* May 4, 2009; "About Denver Urban Gardens," at the Denver Urban Gardens Web site at *http://www.dug.org/about_dug.asp*; "The History of the P Patch Program," available at *http://www.seattle.gov/Neighborhoods/ppatch/history.htm#part3.*
42. Elizabeth Royte, "Street Farmer," *New York Times,* July 5, 2009. 本書作者的 Center for Food & Justice 參與種植力計畫多年，作者之一的阿努帕瑪．喬旭也曾對數個種植力計畫進行評鑑。

第7章　為農場與餐桌之間，蓋一條新路

1. Jennifer Lin, "Grocery Plans for North Philadelphia Get a Splash," *Philadelphia Inquirer,* April 8, 2006.
2. Tracey Giang, personal communication, June 10, 2009.
3. Pennsylvania Fresh Food Financing Initiative, "Providing Healthy Food Choices to Pennsylvania's communities," http://www.thefoodtrust.org/pdf/FFFI%20Brief.pdf; Opportunity Finance Network, "CDFI Success Story: The Reinvestment Fund," http://www.nextamericanopportunity.org/ffi/successStory..asp.
4. Tracey Giang, personal communication, June 10, 2009；Duane Perry, personal communication, June 29, 2009.

5. Terry Pristin, "With a Little Help, Greens Come to Low-Income Neighborhoods," *New York Times,* June 16, 2009, http://www.nytimes.com/2009/06/17/business/17supermarkets.html?pagewanted=1.
6. Tracie McMillian, "Corner Store Cornucopia," *Good Magazine,* March 19, 2008, http://www.good.is/post/corner_store_cornucopia/ http://www.bizjournals.com/philadelphia/stories/2003/03/24/story8.html.
7. City of Lancaster Web site, "Central Market," http://www.co.lancaster.pa.us/lancastercity/cwp/browse.asp?a=671&bc=0&c=42768.
8. Duane Perry, personal communication, June 29, 2009. The Evans quotation is at http://www.politicspa.com/PressRelease.aspx?PRID=43982. See also http://www.thefoodtrust.org/pdf/SupermarketsNewOrleans.pdf; *Stimulating Supermarket Development: A New Day for New York,* report prepared by Brian Land and Miriam Manon, The Food Trust, for the New York Supermarket Commission, April 2009, http://www.thefoodtrust.org/pdf/0509nycommission.pdf; Mike Hughlett, "Measure would help promote groceries in "food deserts,'" *Chicago Tribune,* June 2, 2009; Louisiana Recovery Authority, "State of Louisiana Approves $7 Million for Fresh Food Initiative in New Orleans," press release, September 11, 2009, http://www.lra.louisiana.gov/index.cfm?md=newsroom& tmp=detail&articleID=582&ssid=O.
9. Carol Highsmith and James L. Holton, *Reading Terminal and Market: Philadelphia's Historic Gateway and Grand Convention Center* (Washington, DC: Chelsea Publishing, 1994), 41.
10. Sandy Smith, "Markets 101: What Is the Reading Terminal Market," Examiner.com (Philadelphia Special Grocery Examiner), August 3, 2009, http://www.examiner.com/x-18152-Philadelphia-Specialty-Grocery-Examiner-y2009m8d3-Markets-101-What-is-the-Reading-Terminal-Market.
11. Duane Perry, personal communication, June 29, 2009.
12. Yael Lehman, personal communication, June 9, 2009; Duane Perry, June 29, 2009.
13. The Food Trust, http://www.thefoodtrust.org/php/about/OurMission.php.

14. Healthy Corner Stores Network, http://www.healthycornerstores.org/index.php.
15. Tom Philpott, "Wal-Mart comes to the farmers' market: As the ground shifts under their feet, food giants experiment with new strategies," July 11, 2008, available at http://www.grist.org/article/wal-mart-comes-to-the-farmers-market/.
16. Bethany Moreton, *To Serve God and Wal-Mart: The M aking of Christian Free Enterprise* (Cambridge, MA: Harvard University Press, 2009), 252-253; Nelson Lichtenstein, *The Retail Revolution: How Wal-Mart Created a Brave New World of Business* (New York: Metropolitan Books, 2009), 157, 168-169; Dana Frank, *Buy American: The Untold Story of Economic Nationalism* (Boston: Beacon Press, 1999), 199-207.
17. Barry Lynn, "Breaking the Chain: The Antitrust Case against Wal-Mart," *Harper's*, July 2006.
18. Bob Ortega, *In Sam We Trust: The Untold Story of Sam Walton and How Wal-Mart Is Devouring America* (New York: Times Books, 1998), 361; Lichtenstein, *The Retail Revolution.*
19. Jessica Garrison et al., "Wal-Mart to Push Southland Agenda: Retail Giant Downplays Inglewood Defeat, Vows to Continue Its Drive in the Region; Opponents Say Battle Could Be Repeated in Other Cities," *Los Angels Times*, April 8, 2004; Sara Lin and Monte Morin, "Voters in Inglewood Turn Away WalMart, *Los Angeles Times,* April 7, 2004.
20. Al Norman, "Wal-Mart Cancels 45 Superstore Projects," March 30, 2008, http://www.huffingtonpost.com/al-norman/wal-mart-cancels-45-super_b_94112.html; Lichtenstein p. 237.
21. Pallavi Gogoi, "Wal-Mart's Organic Offensive," *Business Week,* March 29, 2006.
22. "Wal-Mart Commits to America's Farmers as Produce Aisles Go Local," http://walmartstores.com/FactsNews/NewsRoom/8414.aspx; Vanessa Zajfen, personal communication, August 3, 2009; *Agile Agriculture Summit Report* (Fayetteville: University of Arkansas, Sam M. Walton College of Business, Applied Sustainability Center, 2009); "Walmart unveils new global sourcing strategy," January 29, 2010, SupplyChainStandard.com, http://www.supplychainstandard.com/Articles/Article.aspx?liArticleID=2840.

23. Amanda Shaffer et al. "Shopping for a Market: Evaluating Tesco's Entry into Los Angeles and the United States," Urban & Environmental Policy Institute, Occidental College, August 1, 2007, http://departments.oxy.edu/uepi/publications/tesco_report.pdf.
24. USDA Senior Farmers' Market Nutrition Program, http://www.fns.usda.gov/wic/seniorFMNP/seniorfmnpoverview.htm.
25. Mark Vallianatos et al., "Transportation and Food: The Importance of Access," Urban & Environmental Policy Institute, Occidental College, October 2002, http://departments.oxy.edu/uepi/cfj/publications/transportation_and_food.pdf; "Grocery Delivery Service," Hartford Food System, http://www.hartfordfood.org/programs/grocery_delivery.html; Andrew Smiley, personal communication, July 7, 2009.
26. Shonna Dreier et al., "Innovative Models: Small Grower and Retailer Collaborations; Good Natured Family Farms and Balls Food Stores," Wallace Center at Winrock International, March 2008, http://www.ngfn.org/resources/research-1/innovative-models/Good%20Natured%20Family%20Farms%20Innovative%20Model.pdf; Shonna Dreier et al., "Innovative Models: Small Grower and Retailer Collaborations, Part B, Balls Food Stores' Perspective," Wallace Center at Winrock International, June 2009, http://www.ngfn.org/resources/research-1/innovative-models/ Balls%20Food%20Stores%20Innovative%20Model.pdf.
27. Debra Eschmeyer, "Pixies for the People," http://www.ethicurean.com/2009/04/02/pixies-for-the-people/.
28. Laura Avery, personal communication, June 15, 2009.
29. 根據兩位作者的個人觀察，以及與市集工作人員及其計畫互動的經驗。Robert Gottlieb 也是 Pico 市集二十多年的常客，還寫過一本書談該市集：*Environmentalism Unbound: Exploring New Pathways for Change* (Cambridge, MA: MIT Press, 2001), ix-xi。
30. Christie Grace McCullen and Alison Hope Alkon, "Whiteness in Farmers Markets: Constructions, Perpetuations, Con-

testations?," paper presented at the Association of American Geographers annual meeting, April 15-19, 2008.

31. "Farmers' 'Markets: 30 Years and Growing," paper presented by Vance Corum at the 30th anniversary event, "Los Angeles: 30 Years of Farmers' Markets 1979-2009," Los Angeles, September 3, 2009.
32. Andy Fisher, *Hot Peppers and Parking Lot Peaches: Evaluating Farmers' Markets in Low Income Communities* (Los Angeles: Community Food Security Coalition, January 1999), 1.
33. *National Farmers M arket Summit: Proceedings Report,* prepared by Debra Tropp and Jim Barham (Washington, DC: USDA Agricultural Marketing Service, March 2008), 42, 75.
34. Katie Zezima, "Food Stamps, Now Paperless, Are Getting Easier to Use at Farmers' Markets," New York Times, July 19, 2009; Andrew Ryan, "Vouchers Double Value of Food Stamps at Boston Farmers' Markets," Boston Globe, June 25, 2009; Tim Carman, "FRESHFARM to Double Value of Food Stamps to Break the Yuppie Stranglehole on Farmers Markets," *Washington City Paper*, July 7, 2009, http://www.washingtoncitypaper.com/blogs/youngandhungry/2009/07/07/freshfarm-to-double-value-of-food-stamps-to-break-the-yuppie-stranglehold-onfarmers-markets/.
35. Susan Saulny, "Cutting out the Middlemen, Shoppers Buy Slices of Farms," *New York Times*, July 10, 2009.
36. Trager Groh and Steven McFadden, *Farms of Tomorrow, Community Supported Farms, Farm Supported Communities* (Kimberton, PA: Bio-Dynamic Farming and Gardening Association, 1990); U.S. Department of Agriculture definition at www.nal.usda.gov/afsic/csa/csadef.htm; Carlo Petrini, *Slow Food Nation: Why Our Food Should Be Good, Clean, and Fair* (New York: Rizzoli Ex Libris, 2007), 165.
37. Steve McFadden, "The History of Community Supported Agriculture: Part II. CSA's World of Possibilities," 'Rodale Institute, http://newfarm.rodaleinstitute.org/features/0204/csa2/part2.shtml.
38. Katherine L. Adam, "Community Supported Agriculture," National Center for Appropriate Technology, 2006, http://attra.ncat.org/attra-pub/PDF/csa.pdf.

39. 根據一九九五年一月十七日都市與環境政策學會的 Michelle Mascarenhas 和 Robert Gottieb 與南地農夫市集協會的 Marion Kalb 和 Mark Wall 開會筆記。Robert Gottlieb et al., "Farm-School Connections: A New Framework for Nutrition Education and Community Food SecuritY," Occidental Community Food Security Project, Urban & Environmental Policy Institute, Occidental College, May 2000.

40. Rodney Taylor, personal communication, October 10, 2008; Robert Gottlieb and Michelle Mascarenhas, ""The Farmers' Market Salad Bar: Assessing the First Three Years of the Santa Monica-Malibu School District Program," Urban & Environmental Policy Institute, Occidental College, October 2000.

41. Andrea Misako Azuma and Andy Fisher, "Healthy Farms, Healthy Kids: Evaluating the Barriers and Opportunities for Farm-to-School Programs," Community Food Security Coalition, January, 2001; Robert Gottlieb, "A History of Farm to School," presentation at the National Farm to Cafeteria Conference, Portland, OR, March 19, 2009; Robert Gottlieb, memo to Shirley Watkins, USDA, November 17, 1999.

42. "National Farm to School Statistics," www.farmtoschool.org.

43. "Chronology of Farm to School," www.farmtoschool.org.

44. 本書撰寫之際，另一個透過草根動員企圖修改兒童營養法的努力已經展開，叫做「一次一托盤運動」。See "Nourishing the Nation, One Tray at a Time," Community Food Security Coalition, National Farm to School Network and School Food FOCUS, 2009, http://www.farmtoschool.org/files/publications_l92.pdf; One Tray Campaign Web site, www.onetray.org.

45. Rodney Taylor, personal communication, September 14, 2009; "Organic School Lunch-Farm to School Program," video, Whole Earth Generation/Mojave Interactive, http://www.youtube.com/watch?v=mqRn6j2C0KM; Anupama Joshi et al., Case Study, "Riverside Unified School District Salad Bar Program," in "Going Local: Paths to Success for Farm to School Programs," (Los Angeles: Occidental College, Urban & Environmental Policy Institute, December 2006),

http://departments_oxy_edu_uepi_cfj_publications/goinglocal.pdf; Pine Point Farm to School Program Profile on National Farm to School Web site, available at http://www.farmtoschool.org/state-programs.php?action=detail&id=49&pid=195.

第 8 章　一位慢食者的頓悟

1. Margarita Lopez Maya, “The Venezuelan Caracazo of 1989: Popular Protest and Institutional Weakness,” *Journal of Latin American Studies* 35 (February 2003): 117-137.
2. Carlo Petrini 與 Gigi Padova 對話，引述在 *Slow Food Revolution: A New Culture for Eating and Living* (New York: Rizzoli, 2006),137。「生態美食主義」是慢食運動的基本概念。
3. Fabio Parasecoli, “Postrevolutionary Chowhounds: Food, Globalization, and the Italian Left,” *Gastronomica: The Journal of Food and Culture* 3, no. 1 (Winter 2003): 33.
4. *M anifesto on the Future of Food,* http://slowfood.com/about_us/eng/popup/campaigns_future.lasso.
5. Brian DeVore, “Putting Farming Back in the Driver’s Seat,” *The Land Stewardship Letter,* January-February 2006, http://www.woodbury-ia.com/departments/economicdevelopment/Land percent20Stewardship percent20FULLpercent-20TEXT.pdf; Ken Meter, “Use Local Economic Analysis to Strengthen ‘Buy Local, Buy Fresh’ Food Campaign,” ’Minneapolis: Crossroads Resource Center and Food Routes, September 27, 2005, http://www.crcworks.org/leaffs.pdf.
6. Carlo Petrini, *Slow Food Nation: Why Our Food Should be Good, Clean and Fair* (New York: Rizzoli, 2007), 37. 參見 J. Baird Callicott 的著作，書中有關於李歐波的土地倫理是如何給生態美食學的概念帶來靈感：*In Defense of the Land Ethic: Essays in Environmental Philosophy* (Albany: SUNY Press, 1989); Wes Jackson and Wendell Berry, “A 50 Year Farm Bill,” *New York Times,* January 4, 2009.
7. Gary Paul Nabhan, *Coming Home to Eat: The Pleasures and Politics of Local Foods* (New York: W. W. Norton, 2002), 38.

8. Olivia Wu, "Diet for a Sustainable Planet: The Challenge: Eat Locally for a Month (You Can Start Practicing Now)," *San Francisco Chronicle,* June 1, 2005; Jessica Prentice, "Locavore: The Origin of the Word of the Year," May 19, 2008, http://www.chelseagreen.com/content/locavore-the-origin-of-the-word-ofthe-year/; Kim Severson, "A Locally Grown Organic Diet with Fuss But No Muss," *New York Times,* July 22, 2008; "CPS Events at the Plaza Celebrates the 100 Mile Menu," http://media.delawarenorth.com/article_display.cfm?article_id=534.
9. Frito Lay's blog Snack's Chat, http://www.snacks.com/; Kim Severson, "When 'Local' 'Makes It Big," *New York Times,* May 12, 2009; "McDonald's to Boost Local Produce," June 7, 2005, http://www.fwi.co.uk/Articles/2005/07/06/88064/mcdonalds-to-boost-local-produce.html. 在印度，麥當勞全球馬鈴薯供應商採用本地貨源，因為印度規定外商產品必須採購三成本地原料： Mona Mehta, "Going Local Is Flavour of the Season for Fast Food Giants," *Financial Express,* March 12, 2008, http://www.financialexpress.com/news/going-local-is-flavour-of-the-season-forfast-food-giants/283319/。
10. Food Marketing Institute, "FMI Grocery Shopper Trends 2009," May 14, 2009, http://www.fmi.org/news_releases/index.cfm?fuseaction=mediatext&id=1064; National Restaurant Association, 2009 Restaurant Industry Forecast, http://www.restaurant.org/pdfs/research/2009Factbook.pdf. See also Pallavi Gogoi, "The Rise of the 'Locavore,'" *Business Week*, May 20, 2008, http://www.businessweek.com/bwdaily/dnflash/content/may2008/db20080520_920283.htm.
11. School Nutrition Association, "School Nutrition Association Releases State of School Nutrition 2009 Survey," press release, http://schoolnutrition.org/Blog.aspx?id=128328&blogid=564.
12. G. W. Stevenson and Rich Pirog, "Value-Based Supply Chains: Strategies for Agrifood Enterprises of the Middle," in *Food and the Mid-Level Farm: Renewing an Agriculture of the Middle,* ed. Thomas A. Lyson, G. W. Stevenson, and Rick Welsh (Cambridge, MA; MIT Press, 2008), 120.
13. Elizabeth Henderson, personal communication, July 28, 2009, and September 16, 2009; Erbin Crowell and Michael

Sligh, "Domestic Fair Trade: For Health, Justice and Sustainability," *Social Policy* 37, no.1 (Fall 2006), http://www.socialpolicy.org/index.php?id=1723; Felicia Mello, "Hard Labor," *Nation,* August 24, 2006; Sandy Brown and Christy Getz, "Towards Domestic Fair Trade? Farm Labor, Food Localism, and the 'Family Scale' Farm," *GeoJournal* 73, no. 1 (September 2008): 11-22.

14. Susan Stuart, *Growing Food, Healing Lives: Linking Community Food Security and Domestic Violence* (Los Angeles: Center for Food & Justice, Urban & Environmental Policy Institute, Occidental College, March 2002), http://departments.oxy.edu/uepi/cfj/publications/Project_GR0W_Final_Report.pdf.
15. Susan Stuart, "Lifting Spirits: Creating Gardens in California Domestic Violence Shelters," in *Urban Place: Reconnecting with the Natural World,* ed. Peggy F. Barlett (Cambridge, MA: MIT Press, 2005).
16. Melody Hanatani, "Gardening for the Soul," *Santa Monica Daily Press,* August 3, 2009.
17. Andrew Smiley, personal communication, July 7, 2009, and September 18, 2009; Joy Casnovsky, personal communication, July 22, 2009.
18. Lynn Walters, personal communication, June 18, 2009.
19. Antonia Demas, "Food Is Elementary" curriculum, http://www.foodstudies.org/Curriculum/index.htm; Lynn Walters, personal communication, June 18, 2009, and September 18, 2009.
20. *Junior Iron Chef Cookbook 2008*, http://www.jrironchefvt.org/JIC_2008_cookbook.pdf; Andy Potter, "Conference Focuses on Local Food," *WCAX News,* May 17, 2009, http://www.wcax.com/Global/story.asp?S=10376337.
21. Dana Hudson. "Putting Process before Product: Interview with Doug Davis" *Farm to School Routes* e-newsletter, December 2007, http://www.farmtoschool.org/newsletter/dec07/DougDavisDec.07.pdf.
22. Darra Goldstein, "The High Cost of Food," http://caliber.ucpress.net/doi/pdfplus/10.1525/gfc.2008.8.1.iii; Elizabeth Henderson, personal communication, July 29, 2009. 廉價食物等於不健康食物最惡劣的例子之一是連鎖速食店

的一美元超值餐。Cancer 專案評比「最不健康」食物，連鎖速食店 Jack in the Box 的一美元兒童培根漢堡排名第一。Jerry Hirsch, "Low on Cost, $1 Fast-Food Items Also Low in Nutrition," *Los Angeles Times,* December 9, 2008.

23. Sarah Bowen and Ana Valenzuela Zapata, "Geographical Indications, *Terroir,* and Socioeconomic and Ecological Sustainability: The Case of Tequila," *Journal of Rural Studies* 25 (2009): 108; Elizabeth Barham, "Translating Terroir: The Global Challenge of French AOC labeling," *Journal of Rural Studies* 19 (2003): 131. Susanne Freidberg 認為「技藝」（metis）概念類似風土概念，提供的是一種關於居住及維護土地的知識，靠的是農民本身「實際的在地經驗」。這個論點也引起法國消費者的共鳴，因為法國消費者重視農民與土地的關係，也重視他們種植的本土食物。Susan Freidberg, *French Beans and Food Scares: Culture and Commerce in an Anxious Age* (New York: Oxford University Press, 2004), 26-49.

24. Jane Black, "The Geography of Flavor," *Washington Post,* August 22, 2007, http://www.washingtonpost.com/wp-dyn/content/article/2007/08/21/AR2007082100362.html.

25. Erin Thompson and Rosalinda Guillen, personal communication, August 3, 2009.

26. Sabrina Davis, "Evolution of Ethnic Cuisine," *QSR Magazine*, May 2004, http://www.qsrmagazine.com/issue/63/evolution.phtml.

27. Ellen Roggemann, *Fair Trade Thai Jasmine Rice: Social Change and Alternative Food Strategies Across Borders* (Los Angeles: Urban & Environmental Policy Institute, Occidental College, 2005); see also Ellen Roggemann, "My Journey," One-World United States, December 7, 2005, http://us.oneworld.net/article/ view/123089/1/; 素林稻農所說的「種你所吃的，吃你所種的」是引自素林農民支持組織網站 http://www.surinfarmersupport.org/。

28. "AAN Comes to Surin," August 18, 2008 at http://www.surinfarmersupport.org/2008/08/aan-comes-to-surin.html.

29. "The ENGAGE Fair Trade Rice Campaign," http://www.engagetheworld.org/FairTradeRice.html; Ellen Roggemann,

personal communication, April 13, 2005, and Chancee Martorell, Thai Community Development Center, personal communication, March 21, 2006.

30. The Dabbawallah Web site address is http://www.mydabbawala.org/general/aboutdabbawala.htm; see also Sanjay M. Johri, "The Work Strategy of Mumbai's Dabbawallahs," *Merinews,* January 31, 2008, http://www.merinews.com/catFull.jsp?articleID=129843. 在美國，有一家印度連鎖餐館嘗試用達巴瓦拉模式送餐食到家裡和辦公室，目的已變得更商業化了。"Tiffin Meals on Lines of Mumbai Dabbawallahs Launched in US," *Retail News,* February 7, 2009, http://retailnu.wordpress.com/2009/02/07/tiffin-meals-on-lines-of-mumbai-dabbawallahs-launched-in-us/.
31. Jayne Fulkerson et al., "Family Dinner Meal Frequency and Adolescent Development: Relationships with Developmental Assets and High-Risk Behaviors," *Journal of Adolescent Health* 39, no. 3 (September 2006): 337-345.
32. "Biggest Langar to Be Set Up in Nanded for Tricentenary," United News & Information, September 30, 2008, http://news.webindia123.com/news/Articles/India/20080930/1066902.html.
33. The One World Everyone Eats (OWEE) Web site address is http://www.oneworldeverybodyeats.com/home.html.

第9章　每一個城市，都有新鮮好食物

1. 社區食物專案評審小組的描述和評論是根據 Robert Gottlieb 參加一九九六年評審小組的筆記和資料。
2. 關於促成社區糧食專案通過的政治程序，詳情見 Robert Gottlieb, *Environmentalism Unbound: Exploring New Pathways for Change* (Cambridge, MA: MIT Press, 2001), 227-232。亦見 Audrey Maretzki and Elizabeth Tuckerman, "Community Food Projects and Food System Sustainability," in *Remaking the North American Food System: Strategies for Sustainability,* ed. C. Claire Hinrichs and Thomas Lyson (Lincoln: University of Nebraska Press, 2007), 332-344。
3. Daniel Ross, personal communication, June 19, 2009.
4. The Coastal Enterprises Web site address is http://www.ceimaine.org/.

5. Pat Gray, personal communication, August 4, 2009. On the Dudley Street Initiative, see William Shutkin, *The Land That Could Be: Environmentalism and Democracy in the Twenty-First Century* (Cambridge, MA: MIT Press, 2000), 143-166..
6. Geoff Becker, "Nutrition Planning for a City," *Community Nutritionist,* March-April 1982, 12-17; Kenneth Dahlberg et al., "Strategies, Policy Approaches, and Resources for Local Food System Planning and Organizing: A Resource Guide," Local Food System Project Team, 2002; Kenneth Dahlberg, "Food Policy Councils: The Experience of Five Cities and One County," paper presented at a joint meeting of the Agriculture, Food and Human Values Society and the Society for the Study of Food and Society, June 11, 1994, http://unix.cc.wmich.edu/~dahlberg/F4.pdf.
7. Cathy Lerza's 1978 report, "A Strategy to Reduce the Cost of Food for Hartford's Residents," cited in Mark Winne, *Closing the Food Gap: Resetting the Table in the Land of Plenty* (Boston: Beacon Press, 2008), 14.
8. Kate Clancy, Janet Hammer, and Debra Lippoldt, "Food Policy Councils: Past, Present, and Future," in Hinrichs and Lyson, *Remaking the North American Food System,* 121-143; Winne, *Closing the Food Gap,* 31; Food Research and Action Center, *Community Childhood Hunger Identification Project: A Survey of Childhood Hunger in the United States* (Washington, DC: Food Research and Action Center, 1991).
9. "The Hartford Food System," 1999, World Hunger Year, http://www.whyhunger.org/ria/Hartford.pdf.
10. Rod MacRae, "So Why Is the City of Toronto Concerned about Food and Agricultural Policy: A Short History of the Toronto Food Policy Council," *Culture and Agriculture,* Winter 1994, 15-18.
11. Richard Riordan, memo to Robert Farrell, January 25, 1996; "Volunteer Advisory Council on Hunger (VACH) | Proposed Hunger Policy for the City of Los Angeles," Robert Farrell, chair, Voluntary Advisory Council on Hunger, memo to Mayor Richard Riordan, Mayor, April 15, 1996. 其他評論引自本書作者的觀察，他也是 LAFSHP 成員。
12. Los Angeles Food Security and Hunger Partnership, minutes, February 18, 1999; Los Angeles Community Food Securi-

ty and Hunger Partnership, minutes, "Community Garden Policy Meeting," 'March 18, 1999.

13. "A Taste of Justice: Report on the November 3, 2001, Taste of Justice Conference" (Los Angeles: Occidental College, Urban & Environmental Policy Institute, 2002), http://departments.oxy.edu/uepi/cfj/publications/A_Taste_of_Justice_Report.pdf.
14. Amalie Lipstreu, "A Review of State Food Policy Councils in the United States and Opportunities for the state of Ohio," Farmland Center, Countrywide Conservancy, February 2007, http://www.thefarmlandcenter.org/documents/FoodPolicyBrief07.pdf.
15. "Local Farms, Healthy Kids," King County Extension, Washington State University, http://king.wsu.edu/foodandfarms/LocalFarmsHealthyKids.html; Erin MacDougall, personal communication, October 14, 2009.
16. "Secretary of Agriculture Candidates: Bill Northey, Denise O'Brien," *KCCI.com,* October 30, 2006, http://www.kcci.com/politics/10197774/detail.html; Denise O'Brien, personal communication, September 23, 2009.
17. Center for Food & Justice, "The Transformation of the School Food Environment in Los Angeles: The Link Between Grass Roots Organizing and Policy Development and Implementation," policy brief, Occidental College, Urban & Environmental Policy Institute, September 2009.
18. Cara Di Massa, "L.A. Schools Set to Can Soda Sales, "*Los Angeles Times,* August 25, 2002; Kim Severson, "L.A. Schools to Stop Soda Sales, District Takes Cue from Oakland Ban," *San Francisco Chronicle,* August 28, 2002.
19. 作者參加 LAUSD 的開會筆記，August 28, 2002.
20. Colorado Springs School District 11, "Proposal Analysis Report: Beverage Vending Agreement S2007-0014"; "Nutritious School Vending: Step-by-Step Guide to Implementing Colorado Senate Bill 04-103," http://www.cde.state.co.us/cdenutritran/download/pdf/VendingGuide.pdf. 科羅拉多泉的決定涉及柯林頓基金會的 Alliance for a Healthier Generation 組織及大型汽水公司如百事公司和可口可樂談妥的整體協議，允許這些公司以「中等卡路里」飲料（如

運動飲料和含糖的茶），繼續供應學校自動販賣機。食物正義繼續以取消競爭性食物（例如自動販賣機賣的東西）為核心目標。See Andrew Martin, "Sugar Finds Its Way Back to the School Cafeterias," *New York Times*, September 16, 2007.

21. Marian Burros, "Eating Well," *New York Times*, September 7, 1994.

22. Christine Tran, "Hot Chips for Lunch: Student Stigmatization of the School Meal Program," Los Angeles: Teacher Education Program, University of California, Spring 2006.

23. Morgan K, Sonnino R. The School Food Revolution, Public Food and the Challenge of Sustainable Development, Earthscan 2008; Toni Liquori, "Rome, Italy: A Model in Public Food Procurement. What Can the United States Learn?," briefing paper.

24. Alice Gordenker, "Matter of Course, School Lunch Goes Private | Can Our Kids Get a Healthy Meal for Less?," *Japan Times*, April 10, 2003, http://search.japantimes.co.jp/cgi-bin/ek20030410ag.html.

25. 本書作者 Robert Gottlieb 的個人觀察、評論及會議筆記。亦見農業部長 Dan Glickman 在一九九九年十月十四日高峰會的發言，http://www.usda.gov/news/speeches/st005。

26. Jane Black, "Targeting Obesity Alongside Hunger," *Washington Post*, December 24, 2008; *Access to Affordable and Nutritious Food: M easuring and Understanding Food Deserts and Their Consequences*, report to Congress, USDA Economic Research Service Report no. AP-036 (Washington, DC: U.S. Department of Agriculture, June 2009; Andy Fisher, "Building the Bridge: Linking Food Banking and Community Food Security," 'Los Angeles and New York Community Food Security Coalition and World Hunger Year, February 2005, pp. 9-10.

27. "Healthy Food, Healthy Communities: A Decade of Community Food Projects in Action," (Los Angeles: Community Food Security Coalition, March 2007), 18, http://www.foodsecurity.org/CFPdecadereport.pdf.

28. Ken Regal and Joni Rabinowitz, personal communication, July 10, 2009.

29. 同上。

結語　公平對待每個環節，我們才能獲得好食物

1. “And the Winner Is ⋯,”On/Day/1 Web site, http://www.ondayone.org/.
2. Anne Raver, “Out of the Yard and into the Fork,” *New York Times,* April 17, 2008; Ellen Goodman, “What’s Growing at the White House?” *Boston Globe,* July 4, 2008; Adrian Higgins, “A White House Garden? We Can Only Hope,” *Washington Post*, January 8, 2009.
3. Jane Black, “White House Preps for Veggies, But Prepares to Raise Awareness,” Washington Post, March 21, 2009.
4. Vandana Shiva, *Soil Not Oil: Environmental Justice in a time of Climate Crisis* (Cambridge, MA: South End Press, 2008), 128.
5. Michael Windfuhr and Jennie Jonsen, *Food Sovereignty: Toward Democracy in Localized Food Systems* (Warwickshire, UK: ITDG Publishing, 2005), 3; Annette Aurélie Desmarais, *La Via Campesina: Globalization and the Power of Peasants* (Halifax, NS: Fernwood Publishing, 2007), 41; Charles Hanrahan, “The World Food Summit,” CRS Report to Congress, 96-886ENR, November 6, 1996, http://ncseonline.org/nle/crsreports/international/inter-7.cfm.
6. Jen James, personal communication, August 7, 2009; Anim Steel, personal communication, August 20, 2009.
7. The Real Food Challenge Web site address is http://realfoodchallenge.org/.
8. Norma Flores, personal communication, September 4, 2009.
9. Norma Flores, personal communication, October 13, 2009.

國家圖書館出版品預行編目（CIP）資料

食物正義：小農，菜市，餐廳與餐桌的未來樣貌 / 羅伯．高特里布 (Robert Gottlieb), 阿努帕瑪．喬旭 (Anupama Joshi) 著；朱道凱，蘇采禾譯．-- 初版．-- 臺北市：早安財經文化，2018.02
面；　公分．--（早安財經講堂；78）
譯自：Food justice
ISBN 978-986-6613-93-7(平裝)

1. 食品業　2. 永續農業　3. 健康飲食

481　　　　107000544

早安財經講堂 78

食物正義

小農，菜市，餐廳與餐桌的未來樣貌

Food Justice

Food, Health, and the Environment

作　　者：羅伯・高特里布 Robert Gottlieb & 阿努帕瑪・喬旭 Anupama Joshi
譯　　者：朱道凱、蘇采禾
特約編輯：莊雪珠
封面設計：Bert.design
責任編輯：沈博思、劉詢
行銷企畫：楊佩珍、游荏涵

發 行 人：沈雲驄
發行人特助：戴志靜、黃靜怡
出版發行：早安財經文化有限公司
台北市郵政 30-178 號信箱
電話：(02) 2368-6840　傳真：(02) 2368-7115
早安財經網站：www.goodmorningnet.com
早安財經粉絲專頁：http://www.facebook.com/gmpress

郵撥帳號：19708033　戶名：早安財經文化有限公司
讀者服務專線：(02)2368-6840　服務時間：週一至週五 10:00~18:00
24 小時傳真服務：(02)2368-7115
讀者服務信箱：service@morningnet.com.tw

總 經 銷：大和書報圖書股份有限公司
電話：(02)8990-2588
製版印刷：中原造像股份有限公司
初版 1 刷：2018 年 2 月

定　　價：350 元
I S B N：978-986-6613-93-7（平裝）

食物不是一般商品，而是一種基本人權。

在農場與餐桌之間，我們需要一條新路徑……